ZEITSCHRIFT FÜR ANGEWANDTE GEOLOGIE

HERAUSGEGEBEN VON

DER STAATLICHEN GEOLOGISCHEN KOMMISSION

UND DER ZENTRALEN VORRATSKOMMISSION

DER DEUTSCHEN DEMOKRATISCHEN REPUBLIK

AUS DEM INHALT

AKADEMIE-VERLAG · BERLIN

BAND 8 / HEFT 7
JULI 1962
SEITE 337–392

	INHALT	СОДЕРЖАНИЕ	CONTENTS	

Die ZEITSCHRIFT FÜR ANGEWANDTE GEOLOGIE berichtet ständig über folgende Arbeitsgebiete: Geologische Grundlagenforschung und Lagerstättenforschung / Methodik der geologischen Erkundung / Ökonomie und Planung der geologischen Erkundung / Technik der geologischen Erkundung / Geologie und Lagerstättenkunde im Ausland. In der Zeitschrift können alle strittigen Fragen der praktischen Geologie behandelt werden. Die Autoren übernehmen für ihre Aufsätze die übliche Verantwortung.

Berichtigung

Im Beitrag von G. PRIMKE: Entwurf einer abgedeckten geologischen Karte des Ascherslebener Sattels zwischen Frose und Mehringen, Z. angew. Geol., **8**, H. 3 (1962) fehlte als Ergänzung zur Abbildung auf S. 115 folgende Aufstellung von Bohrungen:

1. Aschersleben 10/59, 2. Frose 1, 3. Frose 2, 4. Wilsleben III, 5. Frose 5, 6. Frose 4, 7. Frose 3, 8. Frose 6, 9. Richard 4, 10. Richard 6, 11. Scht. VII Aschersleben, 12. Richard 2, 13. Mehringen 1, 14. Mehringen 2, 15. Mehringen 4, 16. Mehringen 3.

ZEITSCHRIFT FÜR ANGEWANDTE GEOLOGIE

KOLLEKTIVE CHEFREDAKTION

Dr. K. KAUTER (Redaktionssekretär)
Dr. F. STAMMBERGER
Dr. G. TISCHENDORF
Dipl.-Berging.-Geol. G. ZINDLER

BAND 8 · JULI 1962 · HEFT 7

Zum Tag des deutschen Bergmanns 1962

Es ist bereits Tradition, daß die Bergleute in unserer Republik am 1. Sonntag im Juli den Tag des deutschen Bergmanns feiern.

Gemeinsam mit den 330000 Bergleuten aus der Kohleindustrie, dem Kali- und Erzbergbau begehen auch die Werktätigen im Bereich der Staatlichen Geologischen Kommission diesen Ehrentag.

Der Kampf um mehr Kohle, Kali und Erze für unsere sozialistische Volkswirtschaft wird maßgeblich von den Ergebnissen in der geologischen Erkundung beeinflußt. Die Geologen, Geophysiker und Bohrtechniker, alle in den Betrieben und wissenschaftlichen Einrichtungen der Staatlichen Geologischen Kommission beschäftigten Arbeiter, Angestellten und Angehörigen der Intelligenz schaffen die Voraussetzungen für die weitere erfolgreiche Entwicklung unserer Grundstoffindustrie.

Der Feiertag steht in diesem Jahr ganz im Zeichen der Fortführung des Produktionsaufgebotes für den Sieg des Sozialismus. Als Beispielbetrieb in unserem Industriezweig leistete der Erkundungsbetrieb Grimmen des VEB Erdöl und Erdgas Kombinat Hervorragendes. Die in Grimmen auf der 1. Technisch-Ökonomischen Konferenz gefaßten Beschlüsse sind Richtschnur für alle anderen Betriebe im Bereich der Staatlichen Geologischen Kommission im Kampf um die Steigerung der Arbeitsproduktivität.

Die Aufgaben der StGK bestehen darin, zu dem bisher Erreichten unter Ausnutzung des wissenschaftlich-technischen Fortschritts in der Such- und Erkundungsmethodik und durch die Verwirklichung der Maßnahmen des Planes Neue Technik weitere Erfolge, insbesondere in der Erdöl- und Erdgaserkundung, zu erzielen. Das gilt vor allem für diejenigen Betriebe, die den Leistungsplan bisher nicht erfüllten und Rückstände in der wissenschaftlichen Auswertung der Erkundungsergebnisse aufweisen. Die Werktätigen dieser Betriebe arbeiten nicht schlechter als die solcher Betriebe, die ihren Plan erfüllen. In Erkenntnis dieser Tatsache ist die ungenügende Leistung jener in der mangelhaften Leitungstätigkeit der verantwortlichen Wirtschaftsfunktionäre zu suchen. Die bewährten sozialistischen Leitungsmethoden müssen zur Anwendung kommen. Dies ist der Hebel für eine bessere Organisation des Produktionsablaufs und deshalb der Ansatzpunkt für das Aufholen der Planrückstände.

Die erstmals in diesem Jahr durchgeführte Rechenschaftslegung der Werkdirektoren und Hauptbuchhalter vor dem Leiter der Staatlichen Geologischen Kommission war ein wichtiger Beitrag zur Behebung bestehender Mängel in der Leitungstätigkeit, zur Verbesserung der ökonomischen Ergebnisse und zur endgültigen Durchsetzung des wissenschaftlich-technischen Fortschritts. Als Schlußfolgerung aus diesen Rechenschaftslegungen ergeben sich einige wichtige Aufgaben sowohl für die Staatliche Geologische Kommission als auch für die verantwortlichen Wirtschaftsfunktionäre der Betriebe. Die hervorragenden Leistungen der Bohrarbeiter, Ingenieure und Geologen, die kameradschaftlich mit den bei uns tätigen sowjetischen Konsultanten bei der Erkundung und Förderung von Erdöl und Erdgas zusammenarbeiten — besonders im Norden unserer Republik —, sind ein Ausdruck des gewachsenen politischen Bewußtseins und der Erkenntnis, daß der Friede in erster Linie am Arbeitsplatz erkämpft wird.

Die Bergleute leisten mit ihrer Arbeit einen wesentlichen Beitrag zur Lösung der nationalen Frage in Deutschland. Sie unterstreichen damit die Feststellung des Dokuments des Nationalrats, in dem es heißt:

„Wir besitzen alles, was notwendig ist, um in der Deutschen Demokratischen Republik dieses Ziel zu erreichen. Wir haben eine tüchtige Arbeiterklasse, eine fähige Intelligenz und tüchtige Genossenschaftsbauern. Unsere Werktätigen in Industrie und Landwirtschaft sind entschlossen und ganz und gar fähig, in enger Gemeinschaft unserer nationalen Wirtschaft mit der Wirtschaft der Sowjetunion und in enger brüderlicher Zusammenarbeit mit ihr und den anderen sozialistischen Ländern den Aufbau des Sozialismus zu vollenden und danach zur Errichtung der Grundlagen der kommunistischen Gesellschaft überzugehen. Damit schaffen wir das große Beispiel, das es auch den westdeutschen Werktätigen erleichtern wird, den richtigen Weg zu gehen, sich der Herrschaft der Militaristen und Großkapitalisten zu entledigen, sich eine wahre demokratische Ordnung zu erkämpfen und aus eigener Erkenntnis den Weg zum Sozialismus zu beschreiten."

Unsere Arbeiter, Meister, Angestellten und Angehörigen der Intelligenz haben erkannt, daß sie mit ihrer Arbeit die Republik stärken und dazu beitragen, den Frieden zu erhalten, indem sie durch ihre Taten die westdeutschen Imperialisten in die Schranken verweisen.

Im weiteren Kampf beim Produktionsaufgebot, auch nach dem Tag des deutschen Bergmanns, werden die Belegschaften der Betriebe und Institute der Staatlichen Geologischen Kommission alles daran setzen, um das Jahr 1962 mit maximalen wissenschaftlichen und wirtschaftlichen Ergebnissen abzuschließen.

Glück auf!

G. Zindler

Leiter der Staatlichen Geologischen Kommission

Erkundung und Bemusterung von Rohstoffen für Portlandzement[1)]

JOHANNES POMPER, Halle (Saale)

Vorbemerkung

Die Erkundung von Rohstoffen für die Portlandzementindustrie gehört gegenwärtig mit zu den Schwerpunktaufgaben der geologischen Erkundungsbetriebe der Deutschen Demokratischen Republik. Seit 1955 wurden zeitweilig vom Geologischen Dienst Halle Erkundungsarbeiten auf diesem Gebiet durchgeführt. Sie werden nunmehr von seinem Nachfolgebetrieb, VEB Geologische Erkundung West, Halle, in größerem Umfange fortgesetzt und voraussichtlich auch in den kommenden Jahren noch beträchtlich erweitert. Zu Beginn dieser Arbeiten im Jahre 1955 lagen noch keinerlei Erfahrungen vor. Die geochemischen Konditionen waren noch nicht präzisiert. Die notwendigen geochemischen Grenzwerte wurden im Laufe der bisherigen Erkundungsarbeiten in Zusammenarbeit mit dem Institut für Zement, Dessau, erarbeitet. Die erforderliche, feinstratigraphische Abgrenzung besonders der nutzbaren Tonsteinschichtfolgen des Röts als Tonkomponente wurde in Zusammenarbeit mit dem Geotektonischen Institut der Deutschen Akademie der Wissenschaften zu Berlin (K.-B. JUBITZ 1954, 1958, 1959) weitestgehend geklärt. Wir verfügen daher heute für die Erkundung von Zementrohstoffen auf Muschelkalk[2)]-Röt-Basis über ein Erkundungs- und Bemusterungsschema, das sich bereits an vier Objekten bewährt hat.

Für Zementrohstofferkundungen, die nicht auf Muschelkalkbasis beruhen, sondern auf Devon- oder Kreidekalkvorkommen, liegen vorerst Ergebnisse der geochemischen Grundlagenforschung vor. Die Geologen sind in der Lage, von solchen Rohstoffvorkommen Vorratsperspektiven (prognostische Vorräte) zu geben. Es bestehen hierzu grobe Vorstellungen über den Erkundungsablauf.

Über die Erkundungsmethodik von Zementrohstoffen auf Muschelkalkbasis dagegen kann ausführlich berichtet werden.

Die Erkundung von Zementrohstoffen auf mu-Basis

1. Geologische Voraussetzungen

Die Kompliziertheit der Erkundung von Zementrohstoffen in der DDR ist dadurch bedingt, daß ofenfertiges Rohstoffmaterial, sogenannter „Naturzement“, in bauwürdiger Mächtigkeit nicht vorhanden ist. Schichtfolgen, die geochemisch dem idealen Rohmehl entsprechen, liegen nur in ca. 12 m Mächtigkeit in den Myophorienplatten des so_3[3)] und in den 10—12 m mächtigen Trochitenkalken, Äquivalenten des Oberen Muschelkalkes in Tonplattenfazies, vor. Ein solcher Naturzement ist nur bei flachstem Einfallen ab 30—40 m Mächtigkeit bauwürdig. Das Zementwerk Schwanebeck bei Halberstadt hat in den vergangenen Jahren die Trochitenkalke genutzt. Die bauwürdig gelagerten Vorräte waren jedoch gering, so daß sich das Werk infolge höherer Auflagen auch auf mu-Basis umstellen mußte.

Daher werden heute für neue Zementwerkprojekte bevorzugt Erkundungen auf mu-Basis durchgeführt. Für moderne Zementwerke mit Kapazitäten von 2000 bis 3000 tato kommen nur Vorratsblöcke von rund 100 Mill. t Rohstoff in ökonomisch günstiger Abbausituation in Frage. Daher ist man auf Schichtfolgen angewiesen, die in größerer Mächtigkeit angreifbar sind. Eine solche Schichtfolge stellen die Mergelkalke des Unteren Muschelkalkes (mu) in maximal 100—120 m Mächtigkeit dar. Hierbei muß mit in Kauf genommen werden, daß eine entsprechende geochemische Korrektur zum ofenfertigen Material durch ein oder zwei Zuschlagkomponenten (Ton, SiO_2) notwendig ist. Der Untere Muschelkalk bildet die Kalkbasis aller gegenwärtig in der DDR produzierenden Portlandzementwerke (Schwanebeck, Rüdersdorf, Nienburg, Nietleben, Karsdorf, Göschwitz, Bernburg).

Vom Thüringer Becken über das Gebiet von Halle—Bernburg bis zur Weferlinger Triasplatte östlich der Allertalstörungszone treten Ausstriche des mu auf, die eine Mergelkalkgewinnung größeren Ausmaßes gestatten. Sie bilden bereits die Grundlage der Perspektivplanung weiterer Zementwerke. Am günstigsten sind solche mu-Ausstriche, die bei flachem Einfallen (10—12°) einseitig von einem Tal oder einer Niederung so angeschnitten sind, daß am oberen steileren Talhang der mu, am unteren weniger steilen der Röt (so) ausstreicht (s. Abb. 1 und 2).

Der im oberen Hangteil (s. Abb. 1) ausgehende Untere Muschelkalk gestattet beim Neuaufschluß meist in relativ kurzer Zeit einen Anschnitt, der bei den heutigen Großabbaumethoden schon im Haufwerk eine grobe Homogenisierung des Materials gewährleistet. Für die Hauptkomponente Kalk ist das für die Zementproduktion von Vorteil. Geologisch schließen sich an die Unterkante mu zunächst die Myophorientone (so_3/My.T), die Myophorienplatten (so_3/My.P) und die Dolomitwechselfolge (so_2/Dol.) mit Gipsaschen des meist ausgelaugten Gipses 4 (A/y_4) an. Diese Schichtfolge geht in einen flachen Hang über. Der Hangschutt kann durch Bodenfließen beträchtlich über die Unterkanten der geochemisch sehr unterschiedlich ausgebildeten Schichtglieder hinausreichen bzw. diese überlappen. Das hat erkundungstechnisch Bedeutung für die im Liegenden anschließende „Werksfolge Karsdorf“ (nach K.-B. JUBITZ[4)]). Diese weist im flachen Hang Ausstrichbreiten von ca. 200 m auf und ist damit zum Abbau als Tonkomponente angreifbar und geeignet, wenn die in ihr vorkommenden Gipse 3 und 4 völlig ausgelaugt sind. Da diese Tonsteine nur zu etwa $^1/_5$ der Gesamtmenge an Zementrohstoffen benötigt werden, reicht dieser relativ schmale Ausstrich zur Deckung des Tonzuschlagbedarfes im allgemeinen aus.

Die „Werksfolge“ des Röts muß jedoch in Streichrichtung abgebaut werden; während man dem mu in großer Breite und beliebiger Richtung im Abbau nachgehen kann.

2. Bohrdichte und Bohrtechnik (Abb. 1)

Besonders hervorzuheben ist, daß die Tonkomponente („Werksfolge Karsdorf“) bei der Erkundung und Bemusterung einen weit größeren Aufwand erfordert als die Kalkkomponente. Den Grund dafür bilden die dem Röt eingelagerten vier Kalziumsulfathorizonte (örtlich

[1)] Eingang des Manuskripts in der Redaktion: 15. 2. 1962
[2)] Hierbei ist stets der Untere Muschelkalk = mu gemeint.
[3)] so_3 = oberer Röt

[4)] Diese stratigraphische, ihrer Nutzbarkeit als Tonkomponente für Zementrohstoffe entsprechende Bezeichnung wurde von K.-B. JUBITZ (1959) als vorläufiger Arbeitsterminus geprägt. Es ist eine in Thüringen ca. 40 m mächtige Folge von Tonsteinen, die im oberen Teil violett-rotbraun, im mittleren Teil rotbraun, im unteren Teil wieder violett-rotbraun gefärbt ist. Im oberen und unteren Teil sind Tongipse oder deren Aschen enthalten. Die Bezeichnung „Werksfolge Karsdorf“ hat sich in der Erkundungsnomenklatur der letzten Jahre eingebürgert.
Nach den neuen Regionalfaziesvergleichen im Gebiet der DDR handelt es sich um eine beckenrandnähere Fazieseinheit (frdl. mündl. Mitteilung von Dr. JUBITZ), die im Raum von Ostthüringen als geologisch-stratigraphische Folge aufgefaßt werden kann.

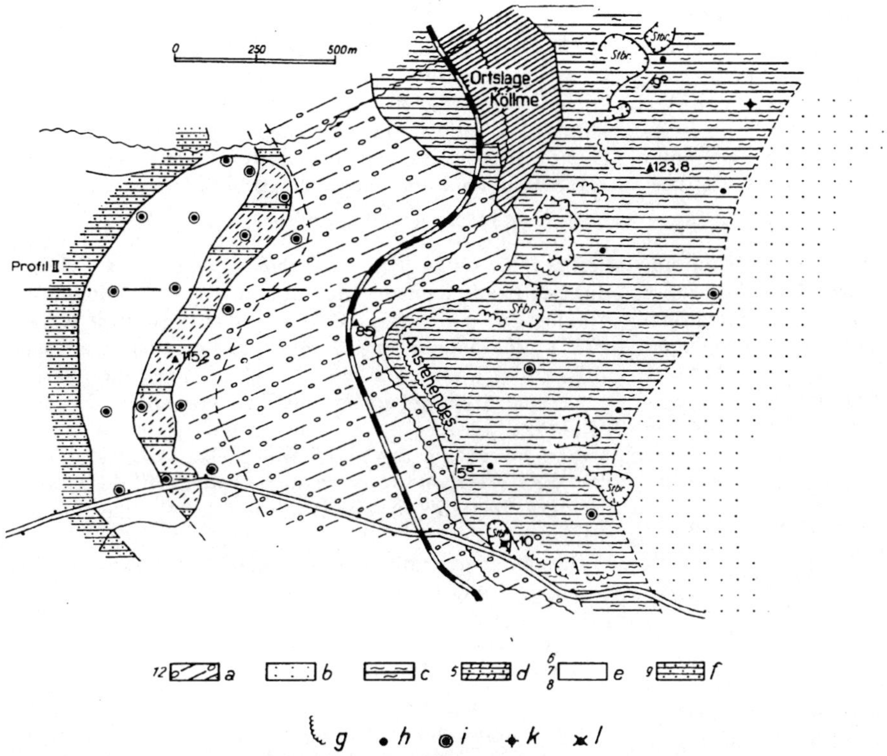

Abb. 1. Bohrdichte bei der Erkundung von Zementrohstoffen auf Muschelkalk-Röt-Grundlage (C_1-Vorräte), schematische Lageskizze

a – Quartärdecke > 3 m (dl, dm, ds), b – Tertiärbedeckung > 3 m (Feinsande und Schlufftone), c – Unterer Muschelkalk/Wellenkalk (Mergelkalk/mu_1), d – „Dolomitische Wechselfolge“ (Tonstein, dolomitisch, z. T. mit Aschen des Gipses 4 = so_2/Dol./A/Y_4), e – „Werksfolge Karsdorf“ (rotbraune und violettbraune Tonsteine, z. T. mit Aschen der Gipse 3 und 4 = so_2/Vo + Wr + Vu), f – Aschen des Gipses 3 (verstürzte Schluffe und Tone = so_2/A/Y_3), g – anstehender Wellenkalk, h – Bohrpunkte, i – Bohrungen durch Vollanalysen bemustert, k – Bohrungen durch Titrationen bemustert, l – Orientierungsbohrungen im Röt (Ziffern 5–12 entsprechend in Abb. 2 und Abb. 3)

fünf), von denen in Ostthüringen zwei im Hangenden und Liegenden die „Werksfolge“ begrenzen (s. Abb. 3 und K.-B. JUBITZ 1959). Sie sind im Ausgehenden mitunter völlig oder auch nur teilweise ausgelaugt. Hierdurch entstanden unregelmäßige Verstürzungen. Oft sind an der Oberfläche ehemalige Erdfallmulden wieder von Hangschutt der hangenden Dolomitwechselfolge (so_2/Dol.) ausgefüllt bzw. durchsetzt. Dolomitisches Material im Übermaß macht die Tonkomponente unbrauchbar. Infolgedessen muß bei der Erkundung des Ausstrichgürtels der „Werksfolge“ des Röts ein dichteres Bohrnetz angewendet werden als im Kalkstein, und eine sorgfältige geochemische Bemusterung muß das Nutzbare vom Abraum trennen. Nicht nur den MgO-Gehalten der Tonkomponente ist (bei einem mittleren Karbonatgehalt von 25–30%) die Höchstgrenze von 11% gesetzt, auch die SO_3-Gehalte dürfen nicht höher als 3% liegen. Erfolgte die Gipsauslaugung in der „Werksfolge“ nur unvollständig, so überschreiten die SO_3-Gehalte sehr schnell diese Grenze.

Aus den genannten Gründen muß in einem Schichtpaket Röt-Muschelkalk, das fast ungestört lagert bzw. höchstens flach einfällt, die durch Subrosion der tieferen Gipse (y_1–y_4) im Ausstrich fast immer verstürzte „Werksfolge Karsdorf“ (= Tonkomponente) dem Lagerstättentyp II zugeordnet werden, während der ca. 55 m stratigraphisch höher beginnende Untere Muschelkalk ohne Bedenken dem Lagerstättentyp I zuzurechnen ist. Diese Tatsache hat bei der Erkundung verschiedene Bohrdichten zur Folge. Nach den bei den bisher auf Muschelkalkbasis durchgeführten Erkundungsarbeiten auf Portlandzementrohstoffe gesammelten Erfahrungen werden daher bei der obengenannten Lagerung die in der Tab. zusammengestellten Bohrabstände als Erkundungsnorm vorgeschlagen. Bei diesen Werten wird die regional ungestörte Lagerung dadurch berücksichtigt, daß die Bohrreihen senkrecht zum Ausstrich in größerem Abstand als die Bohrungen innerhalb der Reihen angesetzt werden. Zum anderen werden beim Rötausstrich wegen Verstürzung der Bohr- und Reihenabstand gemäß dem Lagerstättentyp II enger angesetzt.

Eine strenge Einhaltung der abgerundet angegebenen Bohrabstände ist aus Geländegründen nicht immer möglich. Es müssen daher Toleranzen bis zu 200 m im Muschelkalk und bis zu 50 m im Röt gegeben werden.

Wegen des stratigraphischen Einhängens und eingehender geochemischer Bemusterung müssen für C-Vorräte Kernbohrungen mit 80% Mindestkerngewinn gefordert werden. Dickspülungen sind nicht zulässig, weil das Tonmehl die Analysenproben verfälscht. Auch Bachwässer, die nicht völlig rein sind, sollten aus den gleichen Gründen zur Spülung möglichst nicht verwendet werden.

Die anschließend oder später folgende Verdichtung des Bohrnetzes zur Erhöhung der C- auf B- und A-Vorräte kann bei der Kalkkomponente (mu) durch das schneller und ökonomisch günstiger arbeitende Salzgittergerät H 60 erfolgen. Bei Verdichtungsbohrungen im Röt dagegen wird dieses Gerät nicht oder nur teilweise zum Ziele führen, weil nur Bohrmehl gefördert wird. Solange

Tab. Vorschlag von Bohrdichten bei der Erkundung von Zementrohstoffen auf Muschelkalk-Röt-Basis*)

	Vorräte			
	C_2 m	C_1 m	B m	A m
Unterer Muschelkalk (Lagerstättentyp I)				
Reihenabstand der Bohrungen	600/800	300/400	300/400	200
Abstand innerhalb der Bohrreihen	300/400	300/400	200	200
Mittlerer Röt/„Werksfolge“ (Lagerstättentyp II)				
Reihenabstand der Bohrungen	400	300	200	100
Abstand innerhalb der Bohrreihen	200	100	100	50

*) Diese Werte können nur für tektonisch ungestörte Verhältnisse gelten (z. B. Thüringer Becken), nicht aber für Gebiete intensiver Tektonik (z. B. Huy). Wesentliche Abhängigkeit vom Kartierungsbefund ist dabei gegeben.

noch trockenes Bohrmehl nach Teufen orientiert gewinnbar ist, kann eine solche Bohrung einwandfrei bemustert werden. Sobald jedoch die durch Verstürzung (Gipsauslaugung!) zerrütteten „Werksfolge"-Schichten und die ihnen eingelagerten Gipsaschen (meist Schluffe) Wasser führen, liefern sie Bohrschlamm. Dieser kann pneumatisch (Luftspülung!) nicht oder nur unorientiert herausgefördert werden.

Bisher sind Zementrohstofferkundungen seitens des Erkundungsbetriebes zur Vorprojektierungsreife nur auf C_1-Vorräte erkundet worden. Der Grund hierfür waren die kurze Erkundungsfrist und der Mangel an Salzgittergeräten im Bereich der Staatlichen Geologischen Kommission. Der Projektierungsbetrieb bzw. die Aufbauleitung der Zementwerkprojekte werden daher später selbst mit eigenen Salzgittergeräten des Typs H 60 die Verdichtungsbohrungen durchführen müssen.

3. Konditionen

Es war schon darauf hingewiesen worden, daß die Vorratsmenge für moderne Zementwerke mit vier Ofenstraßen auf rund 100 Mill. t Rohstoffe anzusetzen ist.

Bei Rohstoffen für Portlandzement 375 bzw. 450 (kp/cm²) Druckfestigkeit nach 28 Tagen Abbindezeit) auf mu-Basis muß schon bei der Erkundungsplanung mit rund 80% Mergelkalk des mu und 20% Tonstein der „Werksfolge Karsdorf" des so_2 gerechnet werden. Diese Proportion steht zwar von vornherein nicht ganz fest, ist aber als Erfahrungsgrundwert allgemein für mitteldeutsche Verhältnisse anwendbar. Oft wird bei dieser Zusammensetzung noch der Zusatz einer Korrekturkomponente zur Erhöhung der SiO_2-Gehalte notwendig. Eine solche SiO_2-Komponente konnte in den bisherigen Erkundungsobjekten ohne besondere Schwierigkeiten in Form von pleistozänen Schluffsanden (Karsdorf) oder SiO_2-reichem Tonstein des Mittleren Buntsandsteins (z. B. Obere Zwischenschichten sensu E. WÜST 1907) nachgewiesen werden. Diese Zusatzkomponenten dürfen nicht mehr als 2,5% MgO enthalten, um den MgO-Gehalt des fertigen Zementklinkers nicht über den oberen Grenzwert von 5% hinaus zu verschlechtern.

Die Notwendigkeit eines solchen Korrekturzuschlages kann aber erst dann entschieden werden, wenn die exakte Berechnung der sogenannten Klinkeranalyse aus Kalk- und Tonkomponente erfolgt ist. Die exakten Bestimmungen des Kalkstandards, der Silikat- und Tonerdemoduln werden vom Institut für Zement durchgeführt. Das Ergebnis wird dem geologischen Erkundungsbetrieb in Form eines Gutachtens verbindlich angegeben (in Walbeck z. B. beträgt das Verhältnis Kalk- zu Tonkomponente nach den vorliegenden Analysen 78% zu 22%). Diesen Werten müssen noch die oberen zulässigen Grenzwerte von schädlich wirkenden Anteilen beigefügt werden. So dürfen beispielsweise nach den bisherigen Erfahrungen bei Muschelkalk-Röt-Material die MgO-Werte der „Werksfolge Karsdorf" 11% und die SO_3-Werte 3% in den Analysen der Durchschnittsproben nicht erreichen.

Die genauen Daten der von örtlichen Faktoren abhängigen Konditionen:

a) Kalk-Ton-Verhältnis,
b) Notwendigkeit einer SiO_2-Komponente,
c) Grenzwerte MgO und SO_3,

können strenggenommen erst mit dem Material einer Vorerkundung dem örtlichen Sachbearbeiter übergeben werden. Es ist daher erforderlich, bei künftigen neuen Objekten erst eine Vorerkundung auf C_2-Vorräte, zumindest eine Grundlagenerkundung, durch einige Testbohrungen durchzuführen, ehe die eigentliche Erkundung ein Jahr später einsetzt. Diese wird dann mit größerer Sicherheit die erwarteten 100 Mill. t Gesamtmenge an Vorräten konditionsgemäß nachweisen können.

4. Feldaufnahme und Bemusterung (s. Abb. 3)

Die bisherigen Erfahrungen haben gezeigt, daß die von K.-B. JUBITZ (1954, 1958, 1959, 1960) gegebene

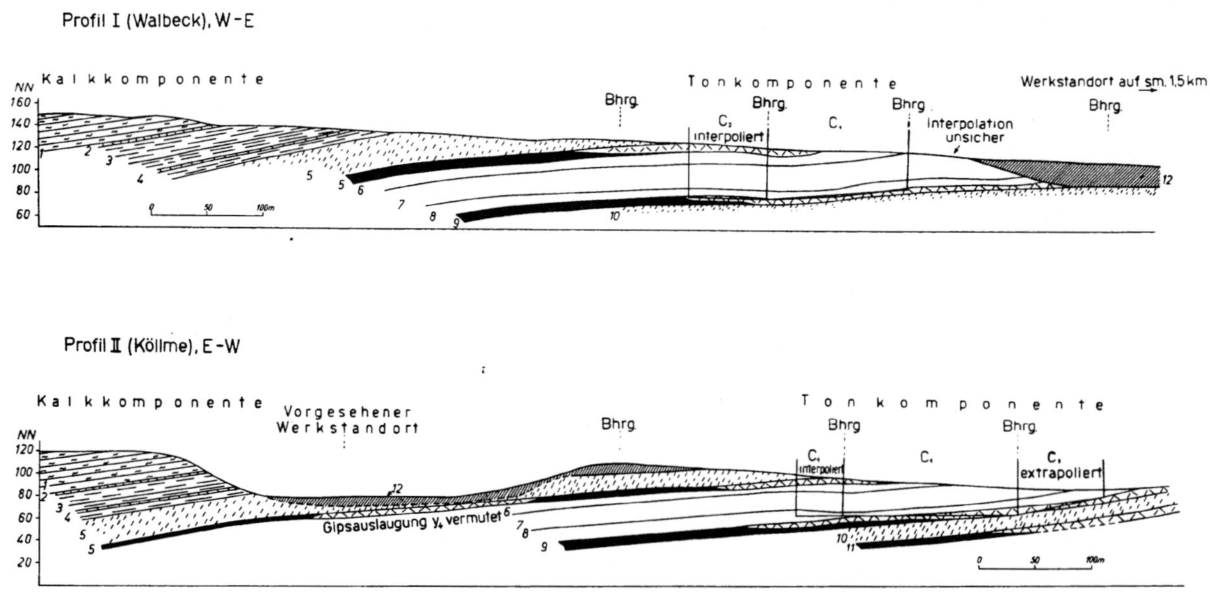

Abb. 2. Geologische Situation der Zementrohstofflagerstätten, Profile Walbeck (I) und Köllme (II); etwas schematisiert

1 — Unterer Muschelkalk, Wellenkalk, mu; 2 — Grenzbank, rho; 3 — Myophorienton (so_3/My.T.); 4 — Myophorienplatten (so_3/My.P.); 5 — Dolomitische Wechselfolge (so_2/Dol.) mit Gips 4 (schwarz) bzw. mit Gipsaschen (gleicher Horizont aufgelöst); 6 — Obere Violettfolge (so_2/Vo); 7 — Rote Werksfolge (so_2/Wr); 8 — Untere Violettfolge (so_2/Vu); 9 — Gips 3 (so_2/Y_3), teils erhalten (schwarz), teils als Aschen (gleicher Horizont aufgelöst); 10 — Myophoriendolomit (so_1/My. dol.); 11 — Basisgipse 1 und 2 ($so_1/Y_{1/2}$), teils erhalten (schwarz), teils als Aschen (gleicher Horizont aufgelöst); 12 — Pleistozändecke (dl, dm, ds)

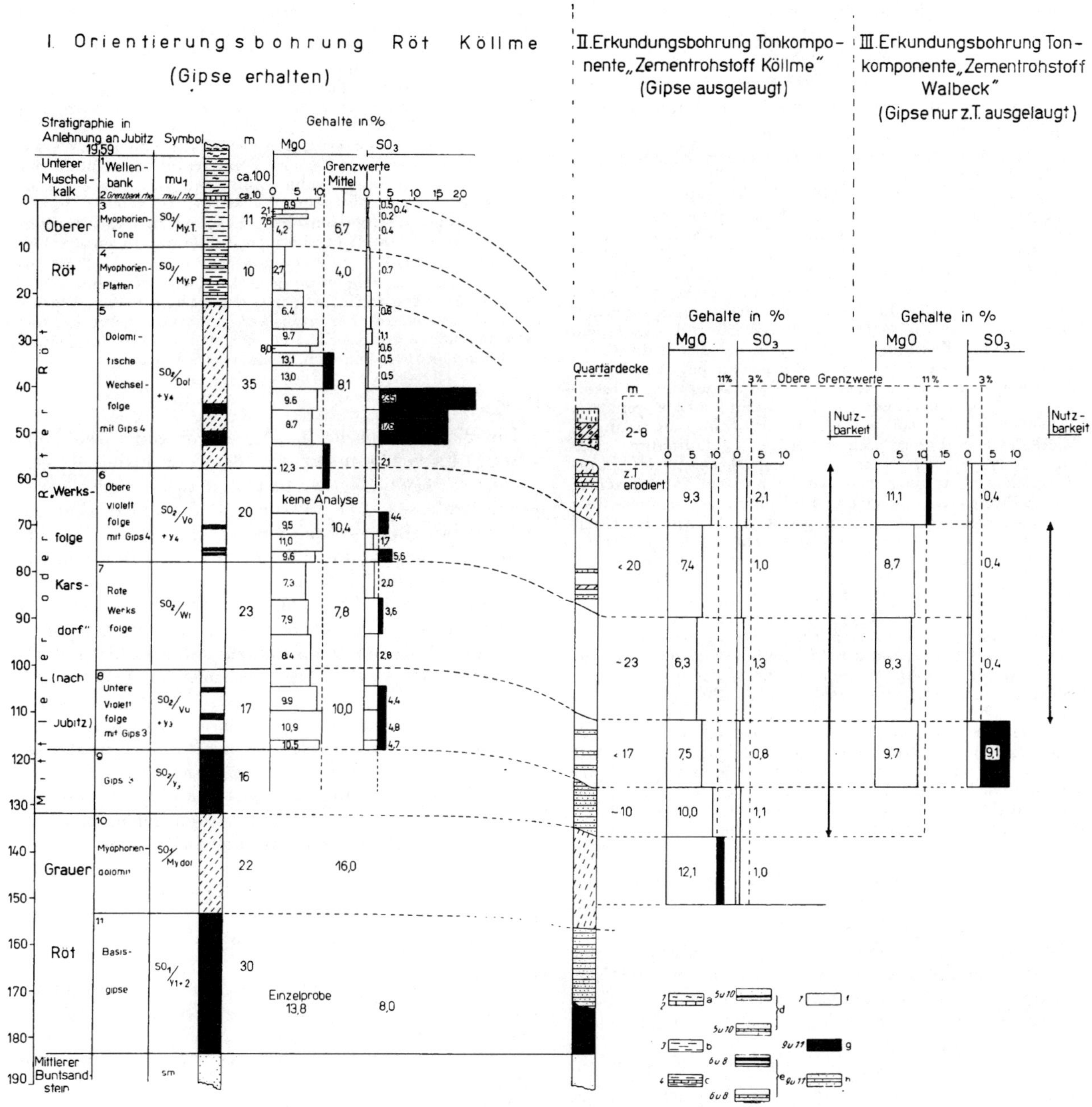

Abb. 3. Der Mittlere Röt als Tonkomponente bei Zementrohstoffen auf mu-Basis

a – Mergelkalk, grau (Wellenkalk), basal Grenzbank rho; b – Tonstein, grau; c – Wechsel Tonstein/Kalk; d – dolomitischer Tonstein, grau und rötlich, mit oder ohne Gipseinlagerungen oder deren Aschen; e – Tonstein, violettbraun, mit Gipsbänken oder deren Aschen; f – Tonstein, rotbraun, mit runden grünen Entfärbungshöfen 1–8 mm; g – tonig verunreinigter Gips; h – bzw. dessen Aschen

Feinstratigraphie des Unteren Muschelkalkes sowie des Röts eine Identifizierung der einzelnen Horizonte und ein Einhängen der Bohrergebnisse in das Richtprofil ermöglicht. Besonders für die Tonbohrungen im meist verstürzten Rötausstrich führte eine intensive Zusammenarbeit zwischen den Mitarbeitern des Geotektonischen Instituts der Deutschen Demokratischen Republik zu Berlin (K.-B. JUBITZ) und den Erkundungsgeologen zu sicheren Ergebnissen. Über diesen Erfahrungsaustausch bzw. über eine erprobte Feldmethodik soll im folgenden berichtet werden.

Unterer Muschelkalk

Hierüber ist im Exkursionsführer der Jahrestagung 1959 der Geologischen Gesellschaft in der DDR von K.-B. JUBITZ reiches Material angegeben, so daß sich eine nähere Beschreibung erübrigt. Es sei nur hinzugefügt, daß beim Durchörtern der Unterkante mu in den Bohrungen meist sehr mangelhafter Kerngewinn zu verzeichnen ist. Oft werden die Grenzbank rho des mu und die „strohgelben Kalke“ der Oberkante so_3 völlig überbohrt. Erst die einwandfrei als graue Tonsteine erkennbaren Myophorientone des so_3 liefern wieder gute Kerngewinne. Die Bohrung wird nur wenige Meter in die Myophorientone (so_3/My.T.) weitergeführt und dann eingestellt.

Röt

Im Röt bereiten die oft durch Hangrutsch verschleppten oder z. T. kryoturbaten Schichten über dem Ausstrich sowie die Gipsaschen, verstürzten Partien und oft gebleichten, ehemals roten Schichten der „Werksfolge Karsdorf" mitunter Schwierigkeiten bei der Feldaufnahme. Es sei daher aus der Feldpraxis ein Aufnahmeschema mitgeteilt, nach welchem bei den letzten „Werksfolge"-Erkundungen gearbeitet wurde.

In Abb. 3 ist die Orientierungsbohrung „Röt Köllme", bei der die vier Gipshorizonte (bis auf y_4d) vollständig erhalten geblieben sind, mit einer Erkundungsbohrung im verstürzten Rötausstrich vom gleichen Objekt „Zementrohstoff Köllme" und mit einer Erkundungsbohrung im Rötausstrich des Objektes „Zementrohstoff Walbeck" parallelisiert. Die Stratigraphie der roten „Werksfolge Karsdorf" wird in Anlehnung an K.-B. JUBITZ nochmals nach Farbunterschieden unterteilt. Für die Orientierungsbohrung Köllme 6 werden die MgO- und SO_3-Werte mit angegeben. Zu den beiden Erkundungsbohrungen, bei denen die Gipse fast oder völlig ausgelaugt sind, werden die gewogenen Mittelwerte der Gehalte an MgO und SO_3 und der daraus resultierende Nutzbarkeitsbereich als Tonkomponente genannt.

Diese Übersicht soll zeigen, welche Teile der gesamten „Werksfolge Karsdorf" schon bei der Feldaufnahme (also ohne Analysen) und Probenahme megaskopisch als „wahrscheinlich nutzbar" angesehen werden müssen. Danach richtet sich die Probenabgrenzung und Probennahme (Hinweise über die Probenaufbereitungstechnik folgen noch). Aus der Übersicht ist zu ersehen: Die Erkundungsbohrung Köllme (II der Übersicht) entspricht bis zu der Unterkante der Gipsaschen so_2/y_3 den MgO- und SO_3-Konditionen. Die Erkundungsbohrung Walbeck (III der Übersicht) zeigt, daß bereits die Untere Violettfolge unbrauchbar ist. Der SO_3-Durchschnittswert liegt hier mit 9,1% weit über dem Grenzwert 3%. Das kann bei der Feldaufnahme aus dem Bohrgut nicht erkannt werden. In einem solchen Falle wird man die Bohrung einstellen, wenn die hellen, deutlich erkennbaren Gipseinlagerungen (Knollen, Tongipslagen) immer reichlicher werden; denn dann ist hier die Auslaugung nur unvollständig und der Tonstein unbrauchbar. Bei dieser Bohrung ist noch zu bemerken, daß ihr oberster Abschnitt (Teil der „Dolomitwechselfolge") ebenfalls nicht nutzbar ist, da der MgO-Gehalt mit 11,1% den Grenzwert 11% überschreitet. Dem Kernmaterial war das nicht anzusehen.

Aus diesen Beispielen geht hervor, daß von so_2/Dol. an bis A/y_3, sofern keine deutlichen Gipseinlagerungen vorliegen, bemustert werden muß; denn diese Schichten sind auf Nutzbarkeit höffig.

Entscheidend für die endgültige Ausblockung der Vorräte sind die abschnittsweise je Bohrung von Mitarbeitern des Instituts für Zement errechneten Klinkeranalysenwerte, die der Geologe seiner Vorratsdokumentation zugrunde legt.

Für die Feldaufnahme der Bohrungen werden noch einige petrographische Hinweise bzw. Leitmerkmale gegeben:

Die oberen aufgelockerten Partien der „Werksfolge Karsdorf" sind nicht zu identifizieren bzw. in das Richtprofil einzuhängen ohne sicher erkannte Leithorizonte. Die auffälligsten Leithorizonte sind die 0,2—0,3 m mächtigen „Doppelquarzit"-Bänkchen des JUBITZschen Richtprofiles (K.-B. JUBITZ 1959). Es handelt sich um deutlich völlig grün gefärbte, quarzitische Kalksandsteine in der tief rotbraun gefärbten Tonsteinfolge, ca. 1—1,5 m voneinander getrennt. Zum Unterschied von einem ähnlichen, ca. 25 m tiefer gelegenen „Quarzit"-Bänkchen führen die begleitenden rotbraunen Tonsteine grüne Entfärbungsflecken von Stecknadelkopf- bis Erbsengröße. Wurde die Zone der „Doppelquarzite" mit den typischen und gehäuft auftretenden grünen Entfärbungsflecken erkannt, so ist es nach dem Gliederungsschema Abb. 3 möglich, die Obere und Untere Violettfolge abzugrenzen.

Auf Grund des Überganges von violettbraun in rotbraun kann die Abgrenzung nicht völlig scharf erfolgen. Die in der JUBITZschen Feinstratigraphie von Karsdorf angegebenen Dolomitbänkchen sind meist nur bei sorgfältiger Durchsicht der Kerne aufzufinden, die Gipse im nichtausgelaugten Zustand dagegen leicht. Schwieriger sind die Gipsaschen auszumachen, weil das Gebirge an solchen Stellen fast immer brekziös zerrüttet ist. Im einigermaßen festen Kern sind Gipsaschen als helle, dünne Schlufflagen mit höherem Kalkgehalt zu erkennen. Meist aber weisen die schluffigen Gipsaschen durch die Spülung (rotbrauner Tonschlamm) ebenfalls eine rotbraune Färbung auf. Die ehemaligen Gipshorizonte sind dann an brekziösen Tonsteintrümmern, eingebettet in rotbraunen Ton, zu erkennen.

Schwieriger ist eine Trennung der Abschnitte der „Werksfolge", wenn wie beim Objekt Zementrohstoff Köllme der Ausstrich durch klimatische Einflüsse (prätertiäre Landoberfläche) tiefgründig gebleicht wurde. In solchen Fällen müssen zum stratigraphischen Eingliedern Nachbarbohrungen mit erkannten Leithorizonten herangezogen werden.

Eine große Hilfe für das Ansetzen der ersten Tastbohrungen kann ein tiefgepflügter Acker bedeuten. Bei Übersichtsbegehungen im Gebiet von Querfurt konnte der „Werksfolge"-Ausstrich an dem intensiven Rotbraun der Äcker mit zwei deutlichen grünen Streifen, den Ausstrichen der grünen „Doppelquarzit"-Bänkchen, verfolgt werden.

Bemusterung

Die Bemusterung ist bei Zementrohstoffen sehr aufwendig. Es genügt nicht, aus den Kernkisten Punktproben in regelmäßigen Abständen zu einer Probe zusammenzufassen. Der Muschelkalk, besonders aber die Rötgesteine sind — bezogen auf die beträchtlich erhöhten Qualitätsanforderungen der Portlandzementindustrie — geochemisch so inhomogen, daß eine exakte Bemusterung nur durch vollständige Aufbereitung des zu einer Probe vorgesehenen Kernabschnittes möglich ist. Als erschwerend kommt hinzu, daß sowohl Muschelkalkkerne als auch Röt-Tonsteinkerne längs nicht schneidbar sind. Sie zerfallen nach wenigen Tagen, mitunter sogar schon nach Stunden durch Trockenwerden in Kernscheiben oder unregelmäßige Kernstücke. Besonders die Röt-Tonsteine zerfallen in ein Haufwerk von nußgroßen Stücken. Das hat zur Folge, daß sämtliche Kernfolgen, die bemustert werden sollen, im LKW von der Bohrstelle zur Aufbereitung auf $<$ 10 mm Korngröße in einem Brecher in das Laboratorium transportiert werden müssen. Bei einem Objekt sind daher rund 1000—1500 volle Kernkisten (je nach Anfall und LKW-Kapazität in 10—15 Transporten) der Aufbereitung zuzuführen[5]).

Die Aufbereitung wird in einem Brecher durchgeführt. Das gebrochene Material wird auf ca. 5 kg heruntergeviertelt, in einer Schlagkreuzmühle grob gemahlen, auf ca. 1 kg reduziert und dann dem chemischen Laboratorium übergeben.

Nach im Geotektonischen Institut der Deutschen Akademie der Wissenschaften zu Berlin durchgeführten systematischen Reihenuntersuchungen hat sich für die Nachfeinung im Anschluß an den Brechergang der Einsatz von mehrstufigen Walzen am günstigsten bewährt, weil nach 1—2maligem Durchgang das Material weitgehend in Feinsandgröße vorliegt. Die Ausviertelung kann dann bis auf ca. 100—150 g Restmenge vorgenommen werden (frdl. mündl. Mitteilung von Dr. JUBITZ).

Zur Aufbereitung muß noch folgender technisch wichtiger Hinweis gegeben werden: Die Werksfolge-Kerne der oberen aufgelockerten Abschnitte (10 bis

[5]) Verf. hat im Jahre 1961 anläßlich einer TWZ-Reise in die ČSSR von den tschechoslowakischen Kollegen erfahren, daß sich dieses Arbeitsverfahren durch die Anschaffung eines LKW, der mit einem Brecher, einer Viertelungsvorrichtung und einer Mühle bestückt wurde, entscheidend änderte. Der Kraftantrieb für Brecher und Mühle ist so gehalten, daß er sowohl an das Dieselaggregat eines Bohrgerätes als auch an das Ortsnetz angeschlossen werden kann. Ein eingearbeiteter Kollektor führt im Gelände auf diesem LKW die gesamte Aufbereitung durch. Er gibt nur die auf ca. 1 kg reduzierten Proben ins chemische Laboratorium. Hierdurch fallen sämtliche aufwendigen Kerntransporte weg.

Ein entsprechender Antrag auf Beschaffung einer ähnlichen „fliegenden Aufbereitung" ist gestellt.

20 m!) der Bohrungen werden infolge Spülwasseraufnahme meist als plastischer Ton mit Tonsteinbrocken, Kerne aus den tieferen Bohrabschnitten als bergfeuchte Tonsteinkerne mit bröcklig-tonigen Partien gefördert.

Die Aufbereitung kann nur im trockenen Zustand des Bohrgutes erfolgen. Im Sommer trocknet das Bohrgut in 2—3 Tagen völlig von selbst, in den Wintermonaten dagegen erst nach Wochen und nur unvollständig, selbst wenn es regensicher aufgestellt ist. Ein Warten mit der Aufbereitung bis zur wärmeren Jahreszeit bringt Verzögerungen von Monaten mit sich. Aber auch wenn das Bohrgut in Kernkisten locker gestapelt in einem heizbaren Raum aufgestellt wird, ist ein schnelles Trocknen in kurzer Zeit nicht gewährleistet. Sicherer ist, den Bohrbeginn für das II. Quartal anzusetzen und dafür zu sorgen, daß die Kernkisten nach Abschluß jeder Bohrung sofort regensicher und durchlüftet gestapelt werden.

Die Wahl der Probenintervalle ist nicht leicht. Man ist einmal geneigt, nach petrographischen Gesichtspunkten vorzugehen, andererseits ist für die Berechnung der Durchschnittszusammensetzung das dekadische System (grundsätzlich 1-m-Proben) am günstigsten, insbesondere wenn noch Auswertungen von Spurenelementen vorgesehen sind. Aus petrographischen Gründen ist nach Ansicht des Verfassers die grundsätzliche Einhaltung von 1-m-Proben nicht immer möglich. Man kann sich dann so helfen, daß man 2- und im Höchstfalle 3-m-Proben abgrenzt (um z. B. die „Doppelquarzitbänkchen" innerhalb einer Probe zu fassen). Dann ist immer noch durch das 2- oder 3fache eines Meters die Gleichmäßigkeit der Probenlängen für das dekadische System gewahrt.

Auch bei Kernverlusten kann die grundsätzliche 1-m-Probe schwer eingehalten werden. Durch Erweiterung der Probenlänge auf 2 oder 3 m läßt sich meist eine Kernverlustpartie überbrücken.

Beim Nachweis von C-Vorräten fallen im allgemeinen je Zementrohstoffobjekt 300—400 Vollanalysen an (von jeder Analysenprobe sind Glühverlust, SiO_2, Al_2O_3, Fe_2O_3, CaO, MgO, SO_3 und die Karbonatanteile zu bestimmen). Dazu kommen noch ca. 300 Titrationen auf $CaCO_3$ und $MgCO_3$ für die Kalkbohrungen, bei denen man auf Vollanalysen verzichtet.

Die Rötbohrungen, sofern sie auf „Werksfolge Karsdorf" fündig sind, müssen ausnahmslos durch Vollanalysen bemustert werden, weil vor allem die SO_3-Werte durch einfachere Untersuchungen nicht exakt bestimmbar sind.

Für ein Bohrfeld auf C-Vorräte beim Lagerstättentyp I im Unteren Muschelkalk dagegen sind höchstens zwei Kernbohrungen erforderlich, die mit Vollanalysen zu bemustern sind. Die übrigen Bohrungen können mit dem Salzgittergerät H 60[6]) geteuft und durch Titrationen bemustert werden; denn die geochemische Konstanz im Unteren Muschelkalk ist mit Ausnahme des MgO-Spiegels in der DDR auf Entfernungen bis 100 km ein gesichertes Forschungsergebnis (K.-B. JUBITZ).

5. Die Auswertung und Ausblockung der Vorräte

Wie schon unter 3. dargelegt wurde, sind die geochemischen Konditionen für die Vorerkundung nur grob gegeben. Für die Erkundung von Zementrohstoffen auf mu-Basis gelten zunächst die bisher genannten Konditionen.

Die geochemische Auswertung der Analysen der Erkundung auf C-Vorräte erfolgt durch Mitarbeiter des Instituts für Zement. Dabei wird von der Geochemie der Hauptkomponente, des mu, ausgegangen. Die Tonzuschlagkomponente wird in Absprache mit dem Objektgeologen in Abschnitte nach geologischen und groben geochemischen Gesichtspunkten eingeteilt[7]). Für diese Abschnitte werden im Institut für Zement die Klinkeranalyse, der Kalkstandard und die Silikat- und Tonerdemoduln (H. KÜHL, Bd. 2, 1951) sowie die Grenzwerte MgO und SO_3 rechnerisch bestimmt. Der Objektgeologe kann jetzt in den Tonbohrungen die Nutzbarkeit nach den Analysenwerten scharf abgrenzen und die Vorräte exakt ausblocken. Oft muß eine wechselhafte Pleistozändecke mit in Kauf genommen werden. Sie kann örtlich mehrere Meter mächtig sein. Die Hangendschichten der „Werksfolge", die sogenannte Dolomitwechselfolge, wird in der Nähe der Oberkante der „Werksfolge" häufig als Abraum auftreten. Dieser Umstand muß schon bei der Bemusterung mit berücksichtigt werden. Die MgO-Gehalte der Dolomitwechselfolge überschreiten nicht immer die Grenzwerte, wie die geochemisch untersuchte Erkundungsbohrung Köllme (Abb. 3, Bohrung II) zeigt. Dagegen ist in der Erkundungsbohrung Walbeck (Abb. 3, Bohrung III) die Dolomitwechselfolge nicht mehr nutzbar.

Die beiden Profile in Abb. 2 zeigen, daß im allgemeinen mit 150—200 m zum Abbau angreifbarer Ausstrichbreite gerechnet werden kann. In den Profilen sind die Grenzen der C_1- und C_2-Vorräte markiert. Sie erreichen nach der Hangendseite theoretisch eine Mächtigkeit von 30—40 m, nach dem Liegenden zu sinkt diese auf 0 m. Infolge der teufenmäßig recht unterschiedlichen Unterkante des Nutzbaren (in den Profilen nicht darstellbar) wird für die Berechnung der Vorräte in dieser Situation die Profilschnittmethode empfohlen.

6. Andere Tonkomponenten

Es muß noch erwähnt werden, daß nicht alle Zementwerke auf mu-Kalkbasis die Röt-Werksfolge als Tonkomponente verwenden können. Beim Zementwerk Nienburg ist der Rötausstrich in der näheren Umgebung des Werkes durch mächtiges Pleistozän bedeckt. Als Ersatz dienen Tonsteine des Unteren Buntsandsteins. Der ungünstige Antransport von 20 km auf dem Wasserwege muß hier in Kauf genommen werden. Das im Aufbau stehende Zementwerk Bernburg ist aus ähnlichen Gründen auf Tonstein des Mittleren Buntsandsteins angewiesen und muß ebenfalls entsprechende Transporte tragen. Die Tonsteine des Unteren und Mittleren Buntsandsteins sind geochemisch günstiger und daher weniger aufwendig zu erkunden. Sie liegen mit 2—3% MgO-Gehalt wesentlich niedriger. In bezug auf die SO_3-Gehalte sind keinerlei Komplikationen zu erwarten, weil der Untere und Mittlere Buntsandstein völlig gipsfrei sind. Sie bilden infolge ihrer niedrigen MgO- und SO_3-Gehalte auch für Zementrohstoffe auf Muschelkalk-Röt-Basis eine gute Verschnitt-Tonkomponente. Besonders hohe MgO-Gehalte der Röt-Werksfolge können durch relativ geringe Zusätze dieser Art heruntergedrückt werden. In transporttechnisch günstiger Situation werden sie der Industrie mit diesem Aspekt geologischerseits angeboten.

[6]) Es kann daher nicht oft genug darauf hingewiesen werden, daß die Erkundungsbetriebe der DDR mit je einem solchen Gerät ausgerüstet werden müßten.

[7]) Hier bewährte sich die stratigraphische Aufteilung der Werksfolge (Gebiet: Ostthüringen) in Obere und Untere Violettfolge und Rote Werksfolge.

Zusammenfassung

Für die Portlandzementindustrie wurden in den letzten Jahren mehrfach Rohstoffe auf Muschelkalk-Röt-Basis erkundet. Die hierbei auf der Basis der von Mitarbeitern des Geotektonischen Instituts der Deutschen Akademie der Wissenschaften zu Berlin durchgeführten feinstratigraphischen Forschungen mit dem Institut für Zement, Dessau, ausgearbeiteten Konditionen werden erörtert, ebenso die Methodik der operativen Arbeiten des Geologen, besonders die der Probennahme und Aufbereitung. Es ergibt sich, daß im gleichen Schichtpaket mit tektonisch ungestörter Lagerung der Untere Muschelkalk dem Lagerstättentyp I, der Röt dagegen infolge der im Ausstrich zu erwartenden Gipsauslaugung dem Lagerstättentyp II zuzuordnen ist. Für beide Lagerstättentypen werden Erkundungsrichtlinien abgeleitet.

Резюме

В пользу портланд-цементной промышленности в последние годы неоднократно было разведано минеральное сырье в отложениях раковистого известняка и рета. Обсуждаются кондиции, разработанные сотрудниками Геотектонического института Немецкой академии наук в Берлине вместе с институтом цемента в г. Дессау на основе тонко-стратиграфических исследований, а дальше методика оперативных работ геологов, в частности методика пробоотбора и обогащения. Выясняется, что в одной и той же пачке отложений с тектонически нарушенным залеганием отложения нижнего раковистого известняка надо отнести к первому типу (I) месторождений, но отложения рета надо отнести к второму типу (II) месторождений в связи с выщелачиванием гипса, ожидаемым на выходе. Выводились инструкции для разведки обоих типов месторождений.

Summary

Muschelkalk-Röt based raw materials have been frequently reconnoitred for the portland-cement industry within the last years. Conditions elaborated on these occasions are discussed and are based on fine-stratigraphical investigations carried out by collaborators of the German Academy of Sciences' Geotectonic Institute at Berlin together with the Cement Institute at Dessau. The discussion includes the technique of the geologist's operative activities, particularly those connected with sampling and preparation. It is shown that within the same sedimentary complex with tectonically undisturbed bedding the Lower Muschelkalk must be assigned to deposit type I, the Röt, on the other hand, because of gypsum lixiviation to be expected in the line of outcrop to type II. Directions for reconnaissance are derived for both deposit types.

Literatur

Jubitz, K.-B.: Zur praktischen Anwendung der feinstratigraphisch-kleintektonischen Methode. — Freib. Forsch.-H., C 9, 1954.

— Zur feinstratigraphisch-geochemischen Horizontierungsmethodik in Kalksedimenten. — Geologie, 7, S. 863—924 (1958) [1958a].

— Erste praktische Anwendung der feinstratigraphisch-geochemischen Ca-Mg-Horizontierungsmethodik für Kalklagerstättenerkundung. — Z. angew. Geol., 4, S. 469—470 (1958) [1958b].

— Die Trias Ostthüringens als Rohstoffbasis (Baustein, Kalk, Zement). — Exkursionsführer zur Jahrestagung der Geol. Ges. in der DDR 1959 in Weimar. (Hier weitere Literaturangaben.)

Kühl, H.: „Zementchemie". — VEB Verlag Technik, Berlin, Bd. 1 u. 2, 1951, Bd. 3, 1952.

Pomper, J.: Gutachtliche Stellungnahme zu den geologischen Voraussetzungen für die Planung neuer Zementwerke in den Bezirken Halle und Magdeburg. — Unveröff., Archiv Staatl. Geol. Komm., Berlin 1959.

— Lagerstättentypen von Zementrohstoffen in der DDR. — Z. angew. Geol., 6, S. 1—6 (1960) [1960a].

— Bericht über die geologischen und wirtschaftlichen Ergebnisse der Erkundungsarbeiten Zementrohstoff Walbeck. — Unveröff., Archiv Staatl. Geol. Komm., Berlin 1960 [1960b].

Voigt, H.: Die Kalklagerstätten der DDR. — Silikattechnik, 9, S. 121 (1958).

Wüst, E.: Fossilführung des sm der Mansfelder Mulde. — Sonderdruck 1907.

Erdölakkumulation im Wiener Becken[1]

Mikuláš Dlabač, Brno, ČSSR

Seit langem ist das Wiener Becken, früher „inneralpin" genannt, ein klassisches Gebiet der miozänen Stratigraphie. Durch reiche Erdölführung auf verhältnismäßig kleiner Fläche — ca. 7000 m² — und zahlreiche Erdöl- und Gaslagerstätten hat es sich in den letzten Jahren eine nicht unbedeutende Position in der Erdölgeologie errungen. Auf Grund einer äußerst großen Anzahl von Tiefbohrungen, insbesondere auf älteren Lagerstätten, konnte man aus diesem Becken auch einige Erkenntnisse über Fragen der Akkumulation sammeln, die zum Teil von weiterem Interesse sein dürften. Einige Beobachtungen, die schon in Arbeiten des Autors (1958, 1961a) beschrieben wurden, werden wiederholt, um einen zusammenhängenden Überblick der Problematik zu geben. Das erdölgeologische Bild ist natürlich das Ergebnis kollektiver Arbeit der dort tätigen Geologen. In stratigraphischem Sinne schließen wir uns der Auffassung T. Budays (1959) an.

Geologie und Erdölführung

Das Wiener Becken entstand im Miozän durch eine megasynklinale Absenkung im Grenzgebiet zwischen den Alpen und Karpaten. Auf dem älteren Paläogen und Mesozoikum im Untergrund liegen Sedimente des Burdigals und Helvets. Der untermiozäne Sedimentationsraum unterschied sich noch durchweg vom späteren Becken. Erst seit dem höheren Torton über Sarmat zum Pliozän bekam das Wiener Becken allmählich seine heutige Gestalt. Es war aber nicht bloß eine Transgressionsfolge jüngerer geologischer Stufen, welche die Entwicklung des Beckens charakterisiert. Bedeutungsvoll sind zahlreiche Diskordanzen und eine allmähliche Aussüßung des Sedimentationsraums vom marinen Torton bis zu den pontischen Süßwasserschichten.

Der Untergrund des Beckens ist in groben Zügen durch die am Rande ausstreichenden Einheiten der Alpen und Karpaten gegeben. Es sind die Schichten des paläogenen und kretazischen Flyschs der Zentralkarpaten mit Klippenzone und Subtatrikum, ferner kalkalpines Gebirge und schließlich Paläozoikum der Grauwackenzone und Kristallin.

Erdölgeologisch bleiben über den Beckenuntergrund noch viele Fragen offen. Das Hauptproblem ist, ob es im Liegenden autochthones Öl und Gas gibt oder ob das in Gesteinen des Liegenden akkumulierte Öl aus dem Miozän stammt. Das Problem ist nicht neu. Eine rege Polemik in der Zeitschrift „Petroleum" (Band XX — 1924) zwischen K. Friedl, J. Jahn, R. Kettner u. a. wurde über dieses Thema mit dem Sieg der neogenen Herkunft, bald nach der Entdeckung der ersten Lagerstätte in Gbely, ausgefochten. Seitdem geht der Streit weiter. Man wird wohl sehr tief bohren müssen, weil der Deckenbau der Alpen und Karpaten noch einiges verbergen kann. Eindeutig scheint man bis jetzt ein Eozän- oder Kreideflyschöl feststellen zu können. Da ist zum Beispiel die alte Lokalität Ratíškovice zu nennen. Aber große Ölmengen in begrabenen Flyschbergen können auch seitlich aus dem Neogen eingewandert sein. Beim Stein-

[1]) Eingang des Manuskripts in der Redaktion: 8. 2. 1962

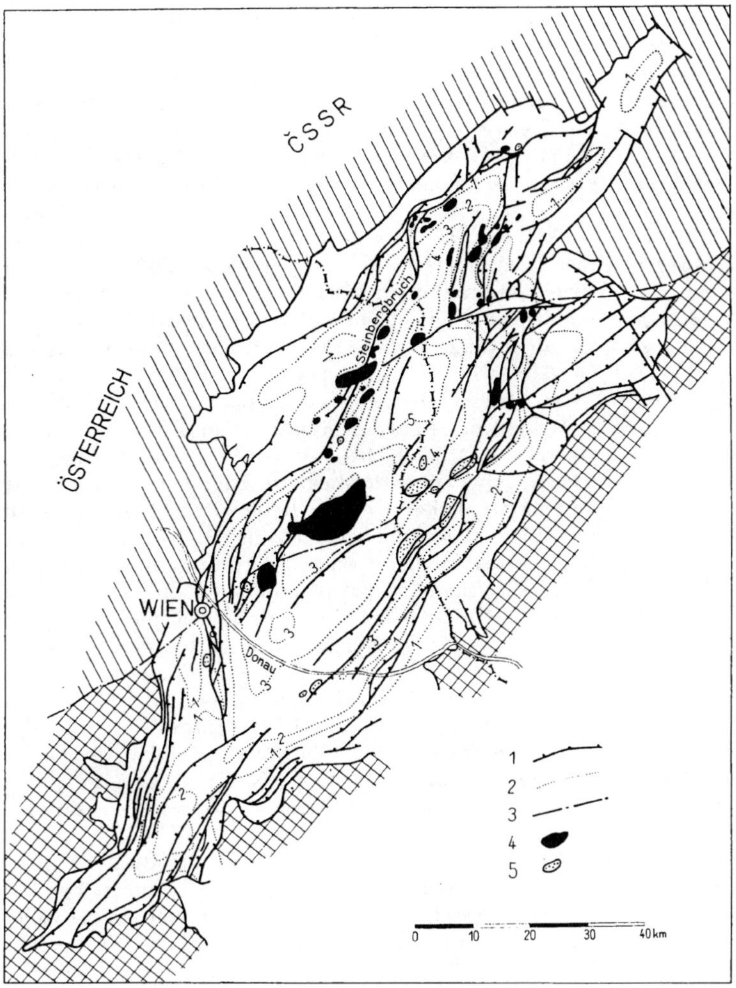

Tektonische Skizze des Wiener Beckens (der österreichische Teil zusammengestellt nach K. FRIEDL und R. JANOSCHEK)

1 — Bruchlinien, 2 — Höhenlinien der Neogenunterkante in tausend m, 3 — Grenzlinie Flysch/Zentralkarpaten (kalkalpin), 4 — Öllagerstätte, 5 — Gaslagerstätte

berg-Bruch weist schon K. FRIEDL (1927) auf diese Möglichkeit hin. Die Herkunft des Gases in den zwei neuentdeckten Lagerstätten im Beckenuntergrund von Österreich, Aderklaa und Zwerndorf, ist auch noch offen. Die hypsometrischen Verhältnisse widersprechen bisher auch hier noch nicht einem neogenen Ursprung.

Im Miozän und im Pliozän können wir einige sowohl stratigraphisch als auch erdölgeologisch selbständige Zyklen unterscheiden.

Unterburdigal wurde nur im nördlichen Teil des Beckens in kleinen Denudationsrelikten festgestellt. Es ist durch Konglomerate geringer Mächtigkeit und eine sandige Tonmergelserie repräsentiert. Für die Akkumulation von Erdöl sind diese Schichten von geringer Bedeutung.

Diskordant darüber liegen die Luzitzer Schichten (Oberburdigal—Helvet). An der Basis ist es der bekannte Flyschschutt und höher eine Tonmergelserie, der Schlier. In beiden Schichtgliedern finden sich, sowohl in der ČSSR wie auch in Österreich, Erdöllagerstätten. Der Schlier hat als Muttergestein im Wiener Becken eine alte Tradition (H. BÖCKH 1914; K. FRIEDL 1927). Nach einer stellenweise eindeutig festgestellten Regression folgen wieder diskordant die Schichten des Oberhelvets (Karpaten-Formation). Auch diese marine Tonmergelserie mit Sandeinlagerungen ist in der ČSSR und Österreich in geringem Maße erdöl- und erdgasführend.

Das Untertorton im Sinne der Gliederung des Wiener Beckens, zuerst mit marinen und später im nördlichen Teil des Beckens mit brackischen Sedimenten, repräsentiert wieder eine neue Transgression mit verändertem Sedimentationsraum. Zur Genesis von Erdöl und Erdgas wie auch zu ihrer Akkumulation in Lagerstätten finden sich auch hier geeignete Schichten. In Österreich beweist dies die Lagerstätte Aderklaa. Ziemlich bedeutungslose Lagerstätten, die in dieser Zone auf dem Gebiet der ČSSR bisher gefunden wurden, kennzeichnen keinesfalls den Abschluß der Untersuchungen.

Die bisher angeführten geologischen Stufen haben auch ihre eigene tektonische Entwicklung durchgemacht. Es handelt sich fast durchweg um germanotype Tektonik mit ausgeprägter Bruchbildung.

Die eigentliche Entwicklungsgeschichte des Wiener Beckens beginnt mit dem Obertorton. Eine unverkennbare marine Transgression mit terminaler teilweiser Aussüßung hinterließ bis über 1000 m mächtige Sedimente in einem neuen Raum mit NE—SW orientierter Achse. Im Sarmat und Pliozän vergrößert sich der Beckenraum in den nördlichen Ausläufern nur unwesentlich. Die dunkelgrauen, mächtigen, mit Sanden wechsellagernden Tonmergelserien sind zur Entstehung und Akkumulation von Erdöl nach neuzeitlichen Kriterien ganz besonders geeignet. Vorzüglich in den basalen Sanden, aber auch in höheren Lagen des Tortons trifft man die größten Kohlenwasserstoff-Lagerstätten des Wiener Beckens. Vornehmlich aus dem Torton fördern nicht allein die große Lagerstätte Matzen und die zweitgrößte österreichische Lagerstätte Mühlberg, sondern auch eine ganze Anzahl kleinerer Gas- und Erdöllagerstätten in der ČSSR. Der handgreiflichste Beweis für die reiche Erdölführung des Tortons ist, daß in Österreich 72,4% der gesamten Ölproduktion des Beckens aus dieser Stufe stammen (J. KAPOUNEK 1960) und sich in der ČSSR fast 90% der gesamten Erdölvorräte im Obertorton befinden.

Das Sarmat ist, historisch gesehen, die erste Stufe des Beckens, in der Erdöl und Gas gefunden wurden. Sowohl das erstentdeckte Ölfeld des Wiener Beckens — Gbely (1913) — wie auch Hodonin (1921) förderten aus dem Sarmat. Auch auf dem Steinberg bei Zistersdorf lag neben einer geringfügigen Flyschproduktion die erstentdeckte Lagerstätte Österreichs im Sarmat. Sowohl K. FRIEDL (1936) als auch L. SOMMERMEIER (1937) bezeichnen Schichten sarmatischen Alters als Muttergesteine.

Trotz ihrer weiten Verbreitung im Becken und einer Mächtigkeit bis 1500 m haben die brackischen Schichten des Sarmats heute erdölgeologisch sowohl produktiv als auch perspektiv nur geringe Bedeutung.

Die Sedimentation im Wiener Becken beschließen kaspibrackische und darüber Süßwasserschichten des

Pliozäns. Auf dem Gebiet der ČSSR wurde auch zwischen Sarmat und Pliozän eine Sedimentationsunterbrechung mit Winkeldiskordanz festgestellt. Erdölgeologisch hat das Pliozän mit einem Ölhorizont in Österreich und einigen Gashorizonten nur eine untergeordnete Bedeutung.

Tektonisch gesehen, ist das Wiener Becken ein typisches Einbruchsbecken, das von einem Netz von Brüchen durchzogen ist. (Abb. 1).

Vorherrschend sind es Längsbrüche, die ein unregelmäßiges System von Gräben und Horsten mit sich verschieden verzweigenden Staffelbrüchen bilden. Einige Brüche, wie der Steinbergbruch oder der Bruch von Laksar, haben stellenweise eine Sprunghöhe bis 2000 m.

Für die Tektonik und Erdölführung des Wiener Bekkens ist eine synsedimentäre Absenkung längs der Brüche vom Torton bis zum Pliozän charakteristisch, die oft mit beträchtlicher Mächtigkeitszunahme der Schichten im abgesunkenen Teil verbunden ist.

Erdölakkumulation, Brüche und Klüfte

In der Erdölgeologie wurde die Frage der Abdichtungsfähigkeit von Brüchen für Erdöl- und Erdgaslagerstätten in den vergangenen Jahren viel diskutiert. Häufig wurden Brüche als Migrationswege für Erdöl und Gas beschrieben. Zahlreicher und konkret bewiesen sind aber Bruchflächen, die Erdöl- und Gasfallen abdichten. Gerade im Wiener Becken gibt es eine ganze Menge solcher Bruchfallen, und darum ist es vielleicht angebracht, aus diesem Gebiet einen kleinen Beitrag zu der Problematik zu bringen.

Sowohl im tschechoslowakischen als auch im österreichischen Teil des Beckens können wir die Bruchfallen in halbkuppelförmige Strukturen und Schleppstrukturen aufteilen. Die ersteren mit vielen Varianten bis zu monoklinalem Einfallen in Bruchstaffeln finden wir zum Beispiel auf dem Gebiet der ČSSR in Gbely, Hodonin, Hrušky u. a. Je nachdem, ob der Bruch gleichsinnig mit der Schichtung einfällt oder entgegengesetzt, teilen wir sie in synthetische und antithetische. Schleppstrukturen sind längs des großen Steinbergbruches in Österreich als klassisch bezeichnet worden. H. STOWASSER (1958) widerlegt zwar die Deutung als Schleppung und erklärt sie als Auffaltung. Morphologisch beurteilt scheint die ursprüngliche Benennung jedoch richtiger zu sein. Auch ist der Zusammenhang der aufgeschleppten, halbplastischen neogenen Schichten mit Stellen, wo diese am Bruch an rigides Flyschgestein grenzen, sehr überzeugend (M. DLABAČ 1958). Hingegen bildet Neogen gegen Neogen, wo solche Schichten am Bruch zusammentreffen, keine Schleppung.

Es ist kaum nötig, darauf hinzuweisen, daß die Bruchfläche bloß an solchen Stellen abdichtet, wo undurchlässiges Gestein an durchlässiges grenzt (G. D. HOBSON 1956, M. DLABAČ 1958). Die Bruchfallen sind im Wiener Becken häufig als unstete Fallen zu bezeichnen. Bei der synsedimentären Absenkung längs der Brüche kamen nämlich oft Ölfallen der abgesunkenen Scholle in Kontakt mit Sanden der Hochscholle, wobei es zu einem Entweichen des Öls aus der Lagerstätte kam.

Bei vielen dicht abgebohrten Bruchlagerstätten im tschechoslowakischen Teil des Beckens konnten wir feststellen, daß die Fallen stets vollkommen mit Öl oder häufiger mit Gas angefüllt sind. Diese Erscheinung scheint hier zur Regel zu werden.

Neben den „abdichtenden" Brüchen gibt es selbstverständlich auch „nichtabdichtende" Brüche.

Seit altersher sind ja Bruchquellen verschiedener Art bekannt. Über die Leitungs- und Abdichtungsfähigkeit von Verwerfungen gibt es einige Erkenntnisse. In erster Linie hängt dies vom lithologischen Charakter der Gesteine ab. Je mehr ein Gestein verfestigt ist, um so schlechter dichtet es ab. Ähnlich ist auch der Einfallswinkel der Bruchfläche zu bewerten. Nach einfachen mechanischen Prinzipien ist es klar, daß ein flacher Bruch besser abdichtet als ein steiler. Der Einfallwinkel seinerseits hängt neben anderem größtenteils wiederum von dem Charakter der diagenetischen Verfestigung des Gesteins ab.

Im Wiener Becken sind in den wenig verfestigten Gesteinen des höheren Miozäns und Pliozäns Einfallwinkel von Bruchflächen mit nur 40° bekannt. Hingegen ist im Helvet und Burdigal ein Einfallen bis 70° keine Seltenheit. Anhand dieser Erscheinungen müßte man die Möglichkeit zulassen, daß ein und derselbe Bruch, falls er bis in den Beckenuntergrund hinabreicht, in der Tiefe einen Zufuhrkanal bilden kann, während er oben abdichtend wirkt. So kann zum Beispiel ein Migrieren von Flyschöl ins Neogen zustande kommen. Andererseits gibt es freilich keine Beweise, mit denen man die Herkunft des Öls im Neogen in größerer Masse aus tiefen Schichten ableiten könnte. Insofern aber der Beckenuntergrund von Sedimenten gebildet wird, kann die Frage diskutabel sein. G. N. DOLENKO (1961) vertritt die Ansicht, daß die großen Brüche einen Zufuhrweg des Erdöls bilden.

Wir kennen aber auch im Neogen des Beckens Mineralwasserquellen, die an Brüchen aufsteigen. Es handelt sich hier durchweg um kleine Tiefen von einigen zehn bis hundert Metern. Diese Erscheinung läßt sich ebenfalls mechanisch durch eine Auflockerung der Bruchfläche bei einer Scharnierbewegung der abgesunkenen Scholle deuten, bedingt durch ein schnelleres Absinken der tieferen Beckenteile. An solchen aufgelockerten Bruchflächen sind örtlich auch Gasaustritte festzustellen.

Einige Beziehungen, die für Brüche angeführt wurden, gelten gleichermaßen auch für Sprünge und Klüfte. In verfestigtem Gestein, im Burdigal, trifft man in Bohrkernen häufig Klüfte an, die hin und wieder ölimprägniert sind. Hingegen wurden im Torton, Sarmat und Pliozän nur selten in Bohrkernen Klüfte angetroffen. Daß es aber auch in diesen Schichten Klüfte gibt, die nahe der Erdoberfläche offen stehen können, bezeugen Gasaustritte, die bei Eruptionen linear bis in 100 m Entfernung von den eruptierenden Bohrungen beobachtet wurden. Einerseits kommt hier ein ähnlicher Effekt zur Geltung, wie wir ihn oben bei Verwerfungen erwähnt haben, andererseits sind dies auch Klüfte auf dem Scheitel von Antiklinalen.

In Anbetracht des lithologischen Charakters des Neogens kann man nirgendwo Kluftölspeicher erwarten. Klüftige Speichergesteine kennen wir bloß aus dem Beckenuntergrund, vorzugsweise Dolomite und Kalksteine der Gaslagerstätten Aderklaa und Zwerndorf. Solche Kluftölspeicher im Liegenden der miozänen Bekkenfüllung sind zur Zeit das aussichtsreichste Forschungsproblem des Wiener Beckens. In der ersten Etappe handelt es sich um das Aufsuchen von begrabenen Bergen, besonders an Stellen, wo das Liegende von zentralkarpatischen oder kalkalpinen Einheiten gebildet wird.

Erdölführung und Schichtenmächtigkeit

Die größte Erdöllagerstätte des Wiener Beckens — Matzen — wie auch das größte Gasfeld — Vysoká-Zwerndorf — an der tschechoslowakisch-österreichischen Grenze liegen im mittleren Teil des Beckens nicht weit von den Stellen entfernt, wo das Neogen über 5000 m mächtig zu sein scheint. Am westlichen Rand dieser zentralen Beckenmulde liegt der große Steinbergbruch mit seinen zahlreichen, meist durch Bruchfallen bedingten Öllagerstätten. Ebenso liegen im tschechoslowakischen Teil des Beckens einige der größten Öl- und Gaslagerstätten, wie zum Beispiel Hrušky und Poddvorov am Rande der Beckenmulde, wo das Neogen eine Mächtigkeit von 4000 m überschreitet.

Diese Beziehung ist übrigens aus fast allen erdölführenden Becken der Welt so bekannt, daß sie auch hier selbstverständlich erscheint. Es scheint sich in erster Linie um eine direkte genetische Beziehung zwischen der Entstehung des Erdöls und dem Rauminhalt der miozänen Ablagerungen zu handeln, wie sie R. JANOSCHEK (1955) beschreibt.

Außer der gesamten Sedimentmasse ist für die Entstehung von Öl und Gas die fast homogene, vorherrschend tonmergelige Entwicklung der heute noch halb plastischen Sedimente mit wechsellagernden Sandschichten ausschlaggebend, wie auch der Umstand, daß die Sedimentation eines bis 5000 m mächtigen Schichtpakets bloß kurzfristig hin und wieder unterbrochen war. Ähnliche Verhältnisse liegen auch in den reichsten Erdölbecken der Welt, wie z. B. auf der Apscheron-Halbinsel in Aserbaidshan oder in den Becken Kaliforniens, vor. Vom Burdigal bis zum Pliozän gab es im Wiener Becken zwar zahlreiche Sedimentationsunterbrechungen, aber die Dauer der Festlandperioden war immer nur kurz oder umfaßte höchstens eine stratigraphische Zone.

Wie sieht nun die Sache vom Standpunkt der Akkumulation aus, von welcher wir ja vorzugsweise sprechen wollten?

Die direkte Beziehung ist augenscheinlich einfach: Wo mehr Erdöl entstand, ist auch mehr in den Lagerstätten angesammelt. Für den tschechoslowakischen Teil des Wiener Beckens gilt diese Beziehung aber nur mit Einschränkung.

Im Wiener Becken gilt die Regel der vollangefüllten Öl- und Gasfallen. Selbst in den Randschollen, z. B. auf der kleinen Struktur Vacenovice im nördlichen Teil des Beckens, sind alle Fallen vollständig mit Öl oder Gas angefüllt. Wenn auch noch so große Mengen von Öl und Gas entstanden und zugewandert wären, hätten sie keinen Speicherraum mehr vorgefunden. Alle Fallen waren eben schon angefüllt. Die Erdölführung ist direkt proportional den Speichermöglichkeiten.

Es kommen also nur indirekte Beziehungen in Frage. Im Wiener Becken kann man im Gebiet der größten Mächtigkeiten verhältnismäßig homogener Sedimente einen weniger komplizierten, man kann sagen, sachteren und gleichzeitig großzügigeren Schichtenbau beobachten, mit größeren Strukturen und größeren Ölfallen als in den Beckenrandgebieten, wo die Gesamtmächtigkeit des Neogens oft nur einige 100 m beträgt. Als Gegenstück zu der großen Kuppel von Matzen im Beckentief kann man die zweitälteste Erdöllagerstätte des Beckens, Hodonin, bezeichnen. Auf kleiner Fläche befinden sich hier Ölakkumulationen auf fünf Schollen, und zwar in einer größeren Anzahl meist kleiner Bruchstrukturen. Nicht bloß tektonisch, sondern auch faziell sind die Verhältnisse in zentralen Beckenteilen oder an Schwellen, die sich den zentralen Mulden angliedern, für die Bildung geeigneter Speichergesteine vorteilhafter.

Zu dieser grundlegenden Beziehung treten noch einige allgemeingültige Begleiterscheinungen hinzu. Dort, wo eine größere Gesamtmächtigkeit des Neogens vorliegt, liegen im Wiener Becken die Lagerstätten meist tiefer, was eine bessere Abdichtung zur Erdoberfläche bedingt. Auch kann man hier besser abdichtende Bruchflächen und eine geringere Zerklüftung erwarten.

Im Zusammenhang mit den Schichtmächtigkeiten sollen noch einige Bemerkungen über die Möglichkeit des Auffindens fazieller Ölfallen gemacht werden. Bisher kennen wir derartige Lagerstätten nur aus dem tieferen Miozän, dem Burdigal und Helvet. In der erdölreichsten Stufe, dem Torton, sind bisher von faziellem Typus nur unbedeutende, linsenförmige Lagerstätten bekannt. Das Aufsuchen von Lagerstätten an den Stellen eines regionalen Auskeilens von Sanden ist einerseits durch den komplizierten synsedimentären Bruchbau erschwert, andererseits konzentrierte sich auch hier genauso wie in vielen anderen Erdölgebieten die Tiefbohrtätigkeit ausschließlich auf die Scheitelpartien der Strukturen. Die Beurteilung der Grundlagen bei der Suche nach faziellen Gesetzmäßigkeiten wird eine selbständige Forschungsetappe erfordern.

Zeit der Akkumulation

Ein Grundprinzip der Erdöl- und Gasakkumulation im Wiener Becken ist ein frühes Anfüllen der Ölfallen (M. DLABAČ 1958), bedingt durch die meist synsedimentäre Entstehung der Aufwölbungen und vieler Bruchstrukturen.

Hingegen gibt es auch zahlreiche Beweise für eine späte oder sogar rezent verlaufende Migration und Akkumulation von Gas und Öl. In erster Linie beweisen dies die Gasausströmungen und der einzige bekannte Erdölausbiß des Beckens bei Hodonin. Wie es bei der flachen Lagerung und der geringen Verfestigung der miozänen und pliozänen Schichten leicht verständlich ist, sind im Wiener Becken natürliche Gasausströmungen seltener als in vielen anderen Erdölgebieten. Bei solchen konnte man durchweg feststellen, daß sie an den Stellen auftreten, wo durchlässige Schichten, etwa Sande an Hängen der Aufwölbungen, an die Oberfläche ausstreichen. Mit anderen Worten gesagt, es verläuft in den Sandschichten bisher eine durch Gravitation bedingte Bewegung der Gase.

Auch die oben angeführte Regel der vollangefüllten Fallen beweist ein stetes Nachströmen von Gas und Erdöl. Die Erkenntnisse über pliozäne bis rezente Erdölakkumulation im Wiener Becken im Zusammenhang mit den tiefabgesunkenen Beckenteilen entsprechen eindeutig den neuzeitlichen Konzeptionen der Erdölentstehung (N. B. WASSOJEWITSCH 1959).

Bei einigen Gaslagerstätten in Bruchfallen kann man zweifellos die Regel der Differentiationsakkumulation konstatieren. Das in den Fallen ursprünglich gespeicherte Erdöl wurde durch Erdgas verdrängt; neu hinzu migrierendes Öl findet in den mit Gas angefüllten Fallen keinen Platz mehr und steigt in höhere Stellen. Demgegenüber erklären wir in einigen Erdöllagerstätten die Abwesenheit einer Gaskappe durch eine unterschiedliche Durchlässigkeit der die Lagerstätte abdeckenden

Schichten für Öl und Gas: Wo Gas durchkam, blieb das Öl noch zurück.

Die oben angeführten Beziehungen gelten in erster Linie für das Torton und Sarmat, das heißt, für weniger verfestigte Gesteine und für Ölfallen in nichtauskeilenden Schichten.

Man setzt voraus, daß in ihnen bisher noch immer ein Auspressen von Öl und Gas aus dem Muttergestein verläuft. In den älteren Schichten, im Untermiozän, ist das Gestein diagenetisch verfestigter. Hier sind auch geschlossene Akkumulationen mit sowohl höheren als auch niedrigeren als den hydrostatischen Drücken bekannt. Vereinzelt gibt es auch höhere Drücke im Torton. In der Regel sind im Wiener Becken aber genaue hydrostatische Drücke sowohl der Kohlenwasserstoff-Lagerstätten als auch der Tiefenschichtwässer bekannt. Deswegen kann man wohl auch keine Schichtwasserbewegung und demzufolge keinen hydrodynamischen Migrationsfaktor voraussetzen.

Zusammenfassung

Nach einer kurzen Übersicht über die erdölgeologischen Verhältnisse im tschechoslowakischen Teil des Wiener Beckens werden einige Fragen der Erdöl- und Erdgasakkumulation diskutiert. Brüche sind im Becken meist Elemente, die Kohlenwasserstoff-Lagerstätten abdichten. Nur in größeren Tiefen und nahe an der Erdoberfläche können sie für Wasser und Erdöl leitend sein. In der Regel sind im Wiener Becken Ölfallen vollkommen angefüllt. Dies erklärt auf Grund der Differentiationsakkumulation auch, weswegen in manchen Fallen nur Gas ist. Es wird auch auf den Zusammenhang der Schichtmächtigkeiten und der Entstehung der Lagerstätten hingewiesen. Einige Erkenntnisse legen den Schluß nahe, daß im Wiener Becken noch bis zur heutigen Zeit Migrationsvorgänge ablaufen.

Резюме

После краткого обзора о нефтегеологических условиях в чехословацкой части Венского бассейна обсуждаются некоторые вопросы аккумуляции нефти и газа. Разломы в бассейне в большинстве случаев являются элементами, уплотняющими месторождения углеводородов. Только в больших глубинах и приповерхностно они могут быть руководящими для воды и нефти. Ловушки, как правило, в Венском бассейне совершенно заполнены. Этот факт объясняет на основе дифференциационной аккумуляции и то, что в некоторых ловушках встречается лишь газ. Указывается также на связь мощностей отложений с происхождением месторождений. Некоторые познания позволяют предполагать, что в Венском бассейне процессы миграции совершаются до настоящего времени.

Summary

A brief review of the petroleum-geological conditions in the Czechoslovak part of the Vienna Basin is followed by a discussion of some problems connected with the accumulation of petroleum and natural gas. Fractures in the basin are for the most part elements sealing hydrocarbon deposits. Only at greater depths and near the surface of the earth they can be conductive for water and petroleum. As a rule, oil traps are completely filled in the Vienna Basin. On the basis of the differentiation accumulation this also accounts for the occurrence of gas in some traps only. Moreover, attention is drawn to the connection between bed thicknesses and deposit formation. Some knowledge suggests the conclusion that in the Vienna Basin migration processes are going on still today.

Literatur

BÖCKH, H.: Einige Bemerkungen über das Vorkommen fossiler Kohlenwasserstoffe in der Marschniederung und in der großen ungarischen Tiefebene. — Z. intern. Ver. Bohringenieure u. Bohrtechniker, Jg. 1914, Nr. 5.

BUDAY, T.: Die Entwicklung des Neogen der tschechoslowakischen Karpaten. — Mitt. Geol. Ges. Wien, **52**, 1959.

DLABAČ, M.: Akkumulation von Erdöl und Gas im Sarmat und Torton des tschechoslowakischen Teiles des Wiener Beckens. — Práce Ústavu pro naftový výzkum, sv. **11**, Brno 1958.

— Ein Beitrag zur Klärung einiger Akkumulationsfragen für Erdöl und Gas im älteren Miozän, im Gebiet des inneralpinen Wiener Beckens. — Geologické práce, Zrpávy 22, Bratislava 1961 (a).

— Stratigraphische und tektonische Position der Erdöl- und Gaslagerstätten im Neogen der čsl. Karpaten. — Geologické práce, soš. **61**, Bratislava 1961 (b).

FRIEDL, K.: Über die jüngsten Erdölforschungen im Wiener Becken. — Petroleum, Jg. XXIII, Wien 1927.

— Der Steinbergdom bei Zistersdorf und sein Ölfeld. — F.-E.-SUESS-Festschrift der Geol. Ges. Wien 1936.

HOBSON, G. D.: Brüche und Erdölakkumulation. — Journ. Inst. of Petrol., **42**, no. 385 (1956).

KAPOUNEK, J.: Altes und Neues aus der österreichischen Erdölforschung. — Int. Bergmannskongreß, Budapest 1960.

SOMMERMEIER, L.: Die tektonische und stratigraphische Grundlage der Erdöllagerstätten im Neogen von Südmähren und der Slowakei. — Ber. üb. Leobener Bergmannstag, Wien 1937.

STOWASSER, H.: Einige Bausteine zur Tektogenese des Wiener Beckens. — Erdölzeitschrift, Wien—Hamburg 1958.

WASSOJEWITSCH, N. B.: Mikronafta. — Trudy WNIGRI, Moskwa 1959.

Abbau von Erdöllagerstätten durch forcierte Erdölgewinnung[1)]

I. G. PERMJAKOW & N. S. GUDOK, UdSSR

Der rationelle Abbau von Erdölfeldern beinhaltet eine möglichst vollständige Entölung der Lagerstätte bei gegeringsten Kosten und in kürzester Zeit.

Es wird in diesem Zusammenhang oft die Meinung vertreten, daß durch eine forcierte Entnahme von Flüssigkeit die Entölung herabgesetzt wird. Damit wird gleichzeitig die Notwendigkeit der Verkürzung der Abbauzeit von Erdölfeldern angezweifelt.

Die Anhänger der Theorie eines verlangsamten Fördertempos führen in der Regel weder faktische noch experimentelle Unterlagen als Beweismaterial für ihre Ansicht an. Ihr Beharren auf diesem Standpunkt hemmt jedoch die Entwicklung der forcierten Förderung in einer Reihe großer Erdölfelder.

Zur objektiven Einschätzung des Einflusses der forcierten Erdölförderung auf die Ölabgabe des Horizontes hat einer der Verf. eine Analyse der in der Praxis gemachten Beobachtungen beim Abbau des Tujmasinsker Feldes durchgeführt. Der andere Verf. nahm zur gleichen Zeit die Laboruntersuchungen vor.

Die vollständige Verdrängung des Erdöls durch Wasser aus der Gesteinsprobe unter Laborbedingungen wird als Ölabgabekoeffizient K_H bezeichnet. (In der weiteren Beschreibung wird dieser Koeffizient als Verdrängungskoeffizient bezeichnet.)

Die Vollständigkeit der Gesamtförderung einer Lagerstätte drückt sich im Anteil der absoluten Vorräte aus und wird durch den Ölabgabekoeffizienten des Horizontes charakterisiert oder, mit anderen Worten, durch den Vorratsnutzungskoeffizienten des Horizontes K_I.

Da der ölführende Horizont in Mächtigkeit und Permeabilität nicht gleichmäßig ist, bewegt sich das Wasser im Horizont mit unterschiedlicher Geschwindigkeit. Das führt schließlich dazu, daß die vollständige Verwässerung der Sonde früher eintritt als die der Schicht, welche die Sonde drainiert.

Weniger permeable Zwischenlagen und Linsen von Sandsteinen werden bei einer 100%ig verwässerten

[1)] Aus: Neftjanoje Chosjaistwo, H. 6, S. 33—38 (1961). — Übers.: K. GOLDBECHER.

Förderung einer Sonde noch Erdöl enthalten. Daher wird der Vorratsnutzungskoeffizient um so viel kleiner gegenüber dem Verdrängungskoeffizienten des Erdöls durch Wasser sein, wie das Volumen des durchfluteten Teils des Horizontes kleiner ist als das gesamte verwässerte Volumen des Horizontes. Dieses Verhältnis wird in der Literatur als Koeffizient der Verwässerung der Lagerstätte K_O bezeichnet.

Der Vorratsnutzungskoeffizient K_I ist demnach gleich dem Produkt des Verdrängungskoeffizienten K_H und des Verwässerungskoeffizienten K_O.

$$K_I = K_H \cdot K_O$$

Der Faktor K_O hängt ab: vom geologischen Bau des Horizontes, von den Eigenschaften des Erdöls, von der Verdrängungsrichtung des Erdöls durch das Wasser, von der Vergrößerung der Viskosität des Erdöls im Horizont, vom Abstand zwischen den Injektions- und Produktionsbohrungen und teilweise auch von der Form des Bohrnetzes. Außerdem steht dieser Faktor noch in Beziehung zu der Geschwindigkeit des Einpressens und der Entnahme der Flüssigkeit.

Im folgenden wird nur der Einfluß der Abbaugeschwindigkeit und der Entfernung zwischen den Injektions- und Produktionsbohrungen auf den Grad der Ausnutzung der Vorräte untersucht.

Vielfach besteht die Ansicht, daß der Verwässerungskoeffizient des Horizontes unabhängig ist vom Tempo des Wassereinpressens und der Erdölentnahme (JORDAN u. a. 1957).

Es wird angenommen, daß die Vergrößerung des Druckgradienten nur unbedeutend die Filtrationsgeschwindigkeit in vorhandenen Zwischenlagen vergrößert. Dabei ändert sich die Geschwindigkeit proportional der Permeabilität, und das Verhältnis der Geschwindigkeit in den Zwischenlagen und Linsen bleibt unverändert. Im Moment der Verwässerung einer Sonde ist daher das Verhältnis zwischen dem Volumen des durchfluteten Teils des Horizontes zum nichtdurchfluteten unverändert. Die Vergrößerung der Filtrationsgeschwindigkeit bewirkt scheinbar nur eine Verkürzung der Abbauzeit der Lagerstätte.

Die Mehrzahl der in dieser Frage versierten Wissenschaftler (SCHELKATSCHOW 1945, 1946, AMIJAN u. a. 1946, BARYSCHEW u. a. 1941, WASILJEW 1958, OWANESOW 1954, SNARSKY 1955, SHOW 1942, MURPHY 1957, KOTJACHOW 1953, GIMATUDINOW u. a. 1958 und PERMJAKOW 1959) nimmt jedoch an, daß sich bei einer Vergrößerung des Druckgradienten das Erdöl auch in den weniger permeablen Zwischenlagen zu bewegen beginnt. Bei einem kleineren Druckgradienten würde das Erdöl in diesen Zwischenlagen nicht fließen.

Durch die Auswertung einer großen Anzahl von Messungen und Berechnungen der Erdöl- und Wasserförderung kann man bei der Aufstellung von Abbauprojekten zwei grundlegende Schlußfolgerungen ziehen:

1. Je größer die Geschwindigkeit des Wassereinpressens in den Horizont und die gleichzeitige Entnahme von Flüssigkeit sind, um so größer wird die Restölabgabe des Horizontes sein.

2. Werden die Geschwindigkeiten des Einpressens und der Entnahme zu Beginn vermindert, so tritt ein Verlust von Erdöl ein, den man praktisch vollständig nicht mehr ausgleichen kann, auch bei einer anschließenden Vergrößerung des Einpreß- und Entnahmetempos.

Die Analyse der Unterlagen über den Abbau von 12 Horizonten im Gebiet von Grosny, sieben Erdöllagerstätten des Kuibyschewer Gebietes und der Tujmasinsker Lagerstätte bestätigt die erste Schlußfolgerung. Auf Abb. 1 sind die Kurven für den Abbau des XII. Horizontes der Taschkalinsker Lagerstätte angeführt.

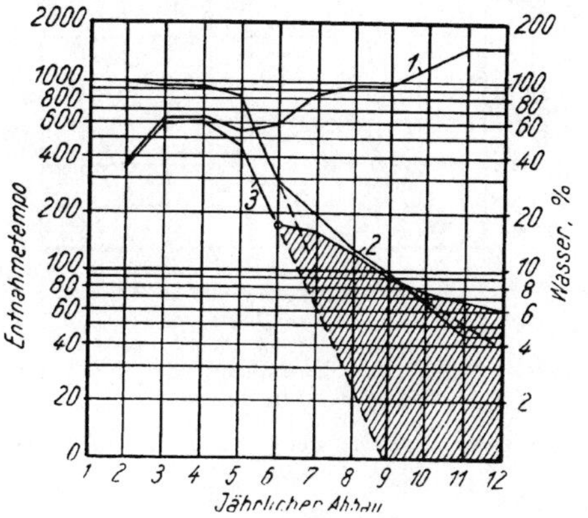

Abb. 1. Abbaukurven des XII. Horizontes der Taschkalinsker Lagerstätte

1 — Flutungsmedium, 2 — Erdölanteil in % der Flüssigkeitsmenge, 3 — Erdöl

Aus der Darstellung ist ersichtlich, daß eine Vergrößerung der Flüssigkeitsentnahme eine Erhöhung der Erdölförderung (schraffierter Teil) und eine prozentuale Verkleinerung der Verwässerung des geförderten Erdöls bewirken.

Mit der verstärkten Entnahme stieg in allen Fällen die Jahresförderung von Erdöl an, wobei keine Verkürzung der Abbauzeit eintrat, sondern im Gegenteil diese Zeit noch zunahm. Die Steigerung der Jahresförderung von Erdöl und die Verlängerung der Abbauzeit führen letztlich zu einer vollständigeren Gewinnung der Erdölvorräte.

Auf Abb. 2 ist eine Korrelationstabelle der Abhängigkeit des Vorratsnutzungskoeffizienten von der Filtrationsgeschwindigkeit für die devonischen Horizonte der Tujmasinsker Lagerstätte angeführt (PERMJAKOW 1959).

Um den Einfluß des Abstandes zwischen den Injektions- und Produktionsbohrungen auf den Vorratsnutzungskoeffizienten zu berücksichtigen, wurde der Faktor K_I für unterschiedliche Teilgebiete bei verschiedenen Filtrationsgeschwindigkeiten berechnet und in drei Gruppen unterteilt. In der ersten Gruppe sind die Werte für K_I berücksichtigt, bei denen die Entfernung zwischen Injektions- und Produktionsbohrungen zwischen 1 und 2 km schwankt, in der zweiten Gruppe die Werte für einen Abstand von 2 bis 4 km und in der letzten Gruppe für einen Abstand von 4 bis 6 km.

Auf Abb. 2 ist ersichtlich, daß die Vergrößerung der Entfernung zwischen den Injektions- und Produktionsbohrungen über 2 km zu einer starken Reduzierung des Vorratsnutzungskoeffizienten von 0,65—0,75 auf 0,30 bis 0,32 führt. Das erklärt sich aus der starken Verringerung des Verwässerungsgrades, bei Vergrößerung der Entfernung zwischen den Bohrungen über 2 km. Die Verkleinerung des Verwässerungsgrades des Horizontes hingegen ist bedingt durch das Auskeilen einzelner Sandlinsen in der Entfernung über 2 km.

Das weist darauf hin, daß beim Abbau die Entfernung zwischen Injektions- und Produktionsbohrungen 2 km nicht überschreiten soll.

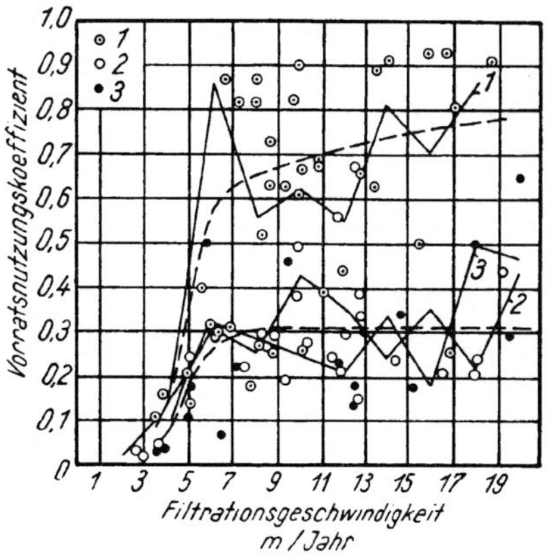

Abb. 2. Abhängigkeit der Vorratsnutzung von der Filtrationsgeschwindigkeit

Kurven: 1 — für eine Entfernung von 1—2 km, 2 — für 2—4 km, 3 — für 4—6 km

Als zweites verdient auf Abb. 2 die Tatsache der wesentlichen Erhöhung des Vorratsnutzungskoeffizienten des Horinzontes bei Vergrößerung der Filtrationsgeschwindigkeit Beachtung. Da die Filtrationsgeschwindigkeit proportional den Druckgradienten ist, tritt bei deren Vergrößerung auch eine Erhöhung des Vorratsnutzungskoeffizienten ein. Die minimal zulässige Filtrationsgeschwindigkeit beim Abbau der devonischen Horizonte soll 8 m/Jahr betragen. Das wird erklärt durch die Verminderung des Verdrängungskoeffizienten bei verringerter Filtrationsgeschwindigkeit.

Die Abhängigkeit des Verdrängungskoeffizienten des Erdöls durch Wasser von der Filtrationsgeschwindigkeit wurde durch Laboruntersuchungen bestätigt. Sie wurden von einem der Verf. an Devonsandstein durchgeführt.

Die experimentelle Untersuchung des Einflusses der Filtrationsgeschwindigkeit auf den Verdrängungskoeffizienten des Erdöls durch Wasser auf devonischen Sandsteinen der Tujmasinsker Lagerstätte lief unter annähernden Lagerstättenbedingungen ab. Grundlage für die Methodik der Laborarbeiten war die Beachtung der wichtigsten Grundbedingung: das Einhalten der Konstanz des Verhältnisses Druckabfall Δp zum Kapillardruck pK im Experiment und im Speicher.

Bei der Durchführung der Experimente an erdölführenden Gesteinsproben mit natürlichen Flüssigkeiten, wobei der Druckabfall Δp in seinem absoluten Wert die Größe des Kapillardruckes pK übertraf, lag die Aufmerksamkeit auf dem Erhalt möglichst natürlicher Verhältnisse.

Als Untersuchungsmaterial wurden zwei devonische Sandsteine der Tujmasinsker Lagerstätte mit einer Länge von 10 cm, einem Durchmesser von 5 cm und einer Permeabilität (für Luft) von 260 und 1600 md benutzt. Als Flüssigkeit fand gereinigtes Tujmasinsker Erdöl (mit einem Zusatz von 15—18% Petroläther) und Erdöl mit gleicher Viskosität unter Schichtbedingungen Anwendung. Als Verdrängungsmittel wurde Tujmasinsker Schichtwasser genommen.

Methodik und Durchführung der Experimente waren folgende: Die extrahierten und getrockneten Proben wurden durch einen Kapillarauszug (ANTONOW u. a. 1957) auf einen Restwassergehalt von 6—8% vom Porenvolumen V_{Por} bei der Probe mit der Permeabilität von 260 md gebracht. Die Probe von 1600 md wurde auf einen Restwassergehalt von 3—4% vom V_{Por} gebracht. Eine solche Menge von Restwasser in erdölführenden Gesteinsproben wurde durch die experimentellen Untersuchungen sowohl vom UfNII als auch von L. I. MEKENIZKI & M. M. KUSAKOW (1957) erreicht.

Die Erdölsättigung der Proben wurde durch Verdrängung von Petroleum mit einer Flüssigkeit, die dem Lagerstättenöl entsprach, durchgeführt.

Die Versuche liefen unter atmosphärischen Bedingungen bei Verwendung einer Vorrichtung ab, die es gestattet, den Flüssigkeitsaufwand gleichbleibend zu halten. Zur Verringerung des Endeffektes und zur Erzeugung eines allgemeinen Druckabfalles auf die Probe, der größer ist als der Kapillardruck, wurde auf diese ein poröser Aufsatz mit einer Länge von 20 cm und einer Breite von 1 cm benutzt. Der untersuchte Bereich der Filtrationsgeschwindigkeit entsprach den natürlichen Gegebenheiten der Tujmasinsker Lagerstätte.

Die Ergebnisse der experimentellen Untersuchungen des Einflusses der Filtrationsgeschwindigkeit auf den Verdrängungskoeffizienten des Erdöls durch Wasser aus devonischen Sandsteinen der Tujmasinsker Lagerstätte erlauben die Schlußfolgerungen, daß der Verdrängungsprozeß des Erdöls aus Erdölspeichern durch Wasser im untersuchten Geschwindigkeitsbereich von der Filtrationsgeschwindigkeit abhängt. In Abb. 3 ist ersichtlich, daß die Erhöhung der Filtrationsgeschwindigkeit von 4 m/Jahr auf 15—16 m/Jahr eine stete Erhöhung des Verdrängungskoeffizienten nach sich zieht. Die Vergrößerung der Ölabgabe des Kerns bei einer Filtrationsgeschwindigkeit von 16 m/Jahr beträgt im Vergleich zu einer Filtrationsgeschwindigkeit von 4—5 m/Jahr 14%. Eine Vergrößerung der Filtrationsgeschwindigkeit über 15—16 m/Jahr hinaus bewirkt keine merkliche Vergrößerung der Ölabgabe mehr. Die Ölabgabe im Geschwindigkeitsbereich von 15—23 m/Jahr ist praktisch unabhängig von der Filtrationsgeschwindigkeit. Noch höhere Geschwindigkeiten wurden in der vorliegenden Arbeit nicht untersucht.

Ausgehend von den in dieser Arbeit erhaltenen Kurven der Abhängigkeit der Ölabgabe von der Filtrationsgeschwindigkeit kann man folgendes sagen:

In hydrophoben porösen Medien wird die Verdrängung des Erdöls nur aus den Poren und Kanälen vor sich gehen, in denen die Größe des Druckgradienten, die entsprechend dem linearen Gesetz der Filtration bei der Verdrängung von Erdöl durch Wasser mit einer gegebenen Geschwindigkeit entsteht, höher ist als der Kapillardruck in diesen Poren. Daher wird bei einer geringeren Filtrationsgeschwindigkeit (geringere Druck-

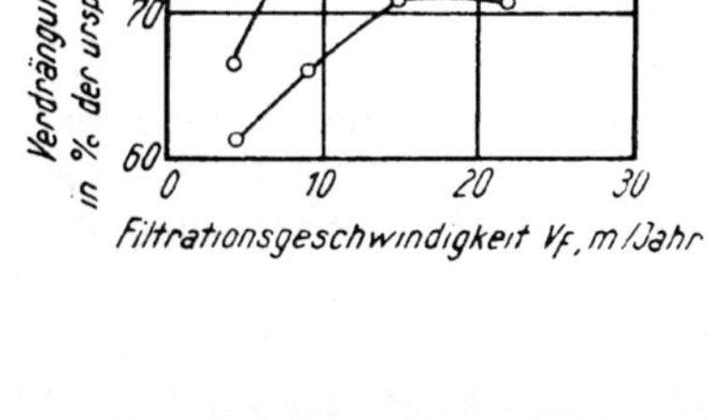

Abb. 3. Abhängigkeit der Ölabgabe von der Filtrationsgeschwindigkeit (devonische Sandsteine von Tujmasy)

1 — K_H = 1600 md,
2 — K_H = 260 md

gradienten) ein großer Teil des Erdöls aus den kleinen Poren und Kanälen nicht verdrängt. Mit einer Steigerung der Filtrationsgeschwindigkeit geht eine bedeutende Erhöhung des Druckgradienten konform. Ein Teil des Erdöls, das aus den Poren mit einem kleinen Durchmesser bei einem kleinen Druckgradienten nicht verdrängt wurde, kommt bei einer Steigerung dieses Druckes in Bewegung. Damit wird eine Vergrößerung der Ölabgabe des porösen Mediums erreicht.

Die erhaltene Abhängigkeit der Ölabgabe von der Filtrationsgeschwindigkeit ist anscheinend nicht nur für die devonischen Sandsteine charakteristisch. Eine ähnliche Erscheinung wie bei den devonischen Gesteinen müßte auch für die Gesteine des Karbons in den Fällen zutreffen, in denen eine Lagerstätte unter Beibehaltung des Schichtdruckes durch Flutung abgebaut wird. Darum ist es für jede Erdöllagerstätte notwendig, Untersuchungen über den Einfluß der Filtrationsgeschwindigkeit auf den Ölabgabekoeffizienten dieser Lagerstätte anzustellen.

Zusammenfassung

Eine Analyse der lagerstättenkundlichen Unterlagen, die beim Abbau der Lagerstätte durch das Wasserdruckregime und die Förderung durch Fluten erhalten werden, und ebenso die experimentellen Untersuchungen gestatten die Schlußfolgerungen, daß ein forciertes Tempo der Wassereinpressung und der Flüssigkeitsentnahme die Erhöhung des Ölabgabekoeffizienten des Horizontes begünstigt.

Um die notwendigen Druckgradienten konstant zu halten und zum Erreichen einer praktisch vollständigen Verwässerung der devonischen Horizonte ist es nicht zulässig, den Abstand zwischen den Einpreß- und den weitesten Produktionsbohrungen über 2 km auszudehnen.

Резюме

Анализ материалов по месторождению, получаемых при эксплоатации месторождения водонапорным режимом и добычей обводнением, а также опытные исследования позволяют вывод, что форсированные темпы инъекции воды и отбор жидкости способствуют повышению коэффициента нефтеотдачи горизонта.

Для поддержания необходимого градиента давления и достижения практически полного обводнения девонских горизонтов недопустимо расширять расстояние между инъекционными скважинами и самыми отдаленными эксплоатационными скважинами больше чем на два километра.

Summary

An analysis of deposit-geological data obtained by the exploitation of the deposit as a result of the hydraulic pressure regime and the extraction by waterflooding, as well as experimental investigations permit to conclude that a forced rate of water injection and withdrawal of fluid favours the oil output coefficient of the horizon.

To keep the necessary pressure gradient constant and to obtain a practically complete watering of the Devonian horizons, it is not allowed to extend to more than 2 kms. the distance between the injection and remotest production drillings.

Literatur

AMIJAN, W. A. & G. K. MAKSIMOWITSCH: Schiroko wnedrit metod forsirowannowo otbora schidkosti is obwodnennich plastow. — N Ch., Nr. 12 (1946).

ANTONOW, D. A. & W. M. BERESIN: Nowi metod opredelenija ostatoschnoj wody w obraszach gornych porod. — Tr. MFNII, wyp. 2, str. 128 (1957).

BARYSCHEW, W. M., M. K. MAMEDOW & A. N. SNARSKY: Prinzipy rasrabotki neftjanowo plasta. Sb. statej. — Asgostoptechisdat (1941).

GIMATUDINOW, S. K. & M. M. KUSAKOW: Wlijanije skorosti wytesnenija nefti wodoj is jestjestwennych kernow na nefteotdaschu. — Trudy NMI im. Gubkina, wyp. 22, str. 207, Gostoptechisdat (1958).

JORDAN, I. K., W. M. MCCARDELL & C. R. HOCOTT: Effect of Rate on oil Recovery by Water Flooding. — Oil and Gas J., vol. 55, No. 19, p. 98 bis 130, 13/V, (1957).

KOTJACHOW, F. I.: Skorost dwischenija prikonturnoj wody i nefteotdascha. Trudy soweschanija po raswitiju nauschno issledowatelskich rabot w oblasti wtoritschnych metodow dobytschi nefti. — Isd.-wo ANAs SSR, str. 189 (1953).

MEKENIZKAJA, L. I. & M. M. KUSAKOW: O sostojannii swjasannoj wody w neftjanom kollektore. — N Ch., N. 9 (1957).

MURPHY, B.: Dont Prorate Water Floods. — Oil and Gas J., vol. 55, No. 7, p. 145—148, 18/II (1957).

OWANESOW, S. G.: Forsirowanni otbor schidkosti is silno obwodnennych plastow i skwaschin. — Asnefteisdat (1954).

PERMJAKOW, I. G.: Rasrabotka Tujmasinskowo neftjanowo mestoroschdenija. — Gostoptechisdat (1959).

SCHELKATSCHOW, W. N.: Analis dlitelnoj massowoj ostanowki skwaschin i obosnowanije razionalnosti forsirowannowo otbora schidkosti is silno obwodniwschichsa skwaschin. — Nauschno.-issled. sektor GNI. Grosn. obl. isd. (1945).

— Forsirowanni otbar schidkosti kak metod intensifikazii dobytschi. — Gostoptechisdat (1946).

SHOW, S. F.: Kolitschestwo dobywajemoj nefti pri rasnich tempach otbora schidkosti w raslitschnych mestoroschdenijach. — Oil Weekly, A 108, N 1, p. 25—40 (1942).

SNARSKY, A. N.: Jescho o forsiwowannom otbore schidkosti is obwodnennych plastow. — ANCH, N 11 (1955).

WASILJEW, N. S.: Opyt priminenija forsirowannowo otbora schidkosti is obwodnennowo plasta. — NNT, serija „Neftepromyslowoje delo", wyp. 2 (1958).

Probleme der Metallogenese von Geosynklinalen[1]

W. I. SMIRNOW, Moskau

In den zwanziger Jahren unseres Jahrhunderts wurde von einigen Bearbeitern der regionalen Geologie ein Wechsel der magmatischen Gesteine und ihrer endogenen Lagerstätten beim Übergang von mobilen Geosynklinalen zu relativ stabilen Faltungsgebieten bemerkt. Dieser Umstand wurde zur Charakteristik der Metallogenese von Geosynklinalen auf historisch-tektonischer Grundlage verwandt. Besondere Erfolge in dieser Richtung erreichte in der UdSSR I. A. BILIBIN, der die allgemeine Idee der metallogenetischen Analyse entwickelte. Eine Reihe seiner Nachfolger bearbeitete bestimmte Erzprovinzen in der Sowjetunion. Das allgemeine Evolutionsschema des Magmatismus und der Erzbildung im Verlaufe des Überganges von einer mobilen Geosynklinale zu einem konsolidierten Faltungsgebiet beruht in folgendem:

Im Frühstadium bzw. Geosynklinalstadium i. e. S. entstehen vier Komplexe von intrusiven Gesteinen und sie begleitenden magmatogenen Lagerstätten:

a) vulkanogener Komplex submariner Spilit-Keratophyr- und Porphyritgesteine und mit ihnen assoziierter Kieslagerstätten;

b) Peridotitintrusionen mit magmatischen Lagerstätten von Chromiten, Chromspinellen mit Osmium und Iridium;

c) Gabbro-Pyroxenit-Dunit-Gesteine mit Konzentrationen von Titanomagnetiten, Platin und Palladium und

d) Plagiogranit- und Plagiosyenitintrusionen, für die Fe- und Cu-Skarnlagerstätten sehr charakteristisch sind.

Die mittlere Entwicklungsetappe entspricht der Hauptphase der Faltung. Es bilden sich batholithische Granitoide, die in zwei Gruppen auftreten. Zur ersten gehören mäßig saure Granite der granodioritischen Unterformation mit Skarnlagerstätten von seltenen Metallen und Buntmetallen und zur zweiten normale und stark saure Granite der alaskitischen Unterformation mit pegmatitischen, Greisen-, Quarz-Feldspat- und Quarzlagerstätten seltener Metalle.

[1] Aus: „Jsw. akad. nauk SSSR", Ser. geol., Nr. 10, 1961, S. 56—71. — Übers.: W. BEYER

Im Spätstadium dringen die sogenannten „Kleinintrusionen" ein, an die vorwiegend sulfidische hydrothermale Lagerstätten geknüpft sind.

Mit dem Wechsel dieser hintereinander gebildeten Komplexe im Querschnitt der Faltungszone hängt die regionale Zonalität der genetisch und stofflich verschiedenen Lagerstättengruppen zusammen.

Viele Geologen wurden von der Harmonie und Glaubwürdigkeit dieses kurz charakterisierten Schemas bezwungen. Durch intensives Studium der Bildungs- und Verteilungsgesetze der endogenen Lagerstätten in den Faltungssystemen wurde jedem mehr und mehr klar, daß es nur die allgemeine Richtung der Evolution zeigt und einige, dabei sehr wesentliche Besonderheiten der Metallogenese von Geosynklinalen nicht berücksichtigt. Das zeigen die Bemerkungen in der Literatur, die zu den dargelegten Schemata gemacht wurden. Unter ihnen findet man richtige Kritiken kompetenter Geologen, aber auch wenig überzeugende Äußerungen, die bis zur völligen Verneinung der natürlichen Evolution der magmatischen Abfolge und der Erzbildung in den Geosynklinalen reichen. Um sich von der oben beschriebenen Abfolge zu überzeugen, genügt es, die Bildungsabfolge der Intrusivgesteine und der endogenen Lagerstätten jeglicher Geosynklinalen zu betrachten. Wie jeder geologische Prozeß mit den sich verändernden Bildungsetappen der Erdrinde zusammenhängt, so ist die Abfolge nach den unterschiedlichen Bildungsstadien unterschiedlicher Regionen der Erde verschieden und hat in diesem Sinne keine universelle Bedeutung. Außerdem zeigt das vorgelegte Schema nicht den wechselseitigen Zusammenhang zwischen Magmatismus und Erzbildung in ein und derselben Erzprovinz über mehrere Entwicklungszyklen, zeigt nicht die allgemeine Evolution des Magmatismus und der Erzbildung in der Erdgeschichte von den älteren zu den jüngeren Etappen, erlaubt nicht, die Geosynklinalen nach Magmen- und Erztypen zu differenzieren, und definiert nicht die Besonderheiten dieser Prozesse für verschiedene tektonische Teile der Faltungszonen.

Alle diese Seiten der regionalen Bildungsbesonderheiten und Verbreitung der endogenen Lagerstätten sind komplizierte Probleme der Metallogenese von Geosynklinalen. Sie haben nicht nur theoretische, sondern auch praktische Bedeutung bei der Bearbeitung der wissenschaftlichen Grundlagen für prognostisch-metallogenetische Karten.

Anschließend werden einige Probleme der metallogenetischen Analyse behandelt. Dabei stehen nicht die vollkommene Lösung dieser Probleme im Vordergrund, sondern nur gewisse Linien der weiteren Untersuchung.

Polyzyklische Entwicklung, Vererbbarkeit und metallogenetische Spezialisierung der Erzprovinzen

Geht man an die Bestimmung einer Erzprovinz und versteht unter ihr ein Faltungsgebiet, das aus einer verschwindenden Geosynklinale entstanden ist, so erweisen sich alle Erzprovinzen als polyzyklisch. Das bedeutet, daß auf ihrem Territorium die Produkte magmatischer Abfolgen einiger aufeinanderfolgender Zyklen der geologischen Entwicklung gemeinsam auftreten. Berücksichtigt man nur die entscheidende Vererzungsepoche, so findet man in der Sowjetunion eine mesozoische und alpidische Vererzungsepoche im Gebiet von Transbaikalien und dem Fernöstlichen Küstengebiet, die kaledonische und varistische Epoche im Ural, in Kasachstan und Mittelasien, die proterozoische, sinische und kaledonische Epoche im Altai—Sajanischen Faltungsgebiet und die kaledonische, varistische, mesozoische und alpidische Epoche im Kaukasus.

Es ist augenscheinlich, daß in diesen polyzyklischen Provinzen nicht eine einfache Wiederholung der magmatischen und erzbildenden Zyklen stattfindet, sondern eine komplizierte Entwicklung, die sich in der allgemeinen Evolution der geologischen Prozesse von den älteren zu den jüngeren Zyklen äußert. Jedoch sind die Übergangsbedingungen und -formen von geosynklinalen Systemen vorangegangener Zyklen zum geologisch folgenden Zyklus noch sehr wenig untersucht worden.

Die Mehrzahl der Autoritäten auf dem Gebiet der Geotektonik einigen sich lediglich auf vier Besonderheiten dieser Übergänge:

a) die Geosynklinalen des kaledonischen, varistischen, kimmerischen und alpidischen Zyklus entwickelten sich im Bereich eines geosynklinalen Gebietes der Erde und verringerten ihre Fläche durch teilweisen Verlust ihrer Beweglichkeit und teilweisen Übergang zu Tafeln;

b) die Kompliziertheit der Umrisse der Geosynklinalen nimmt von den älteren nach den jüngeren Entwicklungszyklen hin zu;

c) die primären Geosynklinalen des folgenden Zyklus schließen sich dem vorangegangenen Zyklus an, dessen Konturen sie in ihrer weiteren Entwicklung ererben, und

d) die neuen Geosynklinalen liegen seitlich der zentralen Aufwölbungen, die anstelle der inneren Geosynklinalzonen des vorangegangenen Entwicklungszyklus entstanden sind.

Gegenwärtig kann man kaum etwas über die qualitative Seite der Wandlung des Magmatismus beim Übergang von einem zum anderen Zyklus sagen. Was die quantitative Seite betrifft, so bemerkt man in einer Anzahl von Erzprovinzen eine allgemeine Einschränkung des Umfanges der magmatischen Tätigkeit bei gleichzeitiger Zunahme der magmatogenen Erzbildung während des Überganges von einem zum anderen Zyklus.

Eine andere wichtige Besonderheit besteht in der Vererbung von Lagerstätten typomorpher Metalle in einer großen Anzahl von polyzyklischen Erzprovinzen. So sind z. B. für den Kaukasus Cu- und Mo-Lagerstätten und z. T. polymetallische Lagerstätten typomorph, die in der kaledonischen, varistischen, mesozoischen und alpiden Vererzungsepoche auftreten. In der transbaikalisch-fernöstlichen Erzprovinz sind Sn-Lagerstätten typomorph, die mit der vorpaläozoischen, unterpaläozoischen, varistischen, mesozoischen und alpidischen Epoche verknüpft sind. Im Fernen Nordosten gehören Au- und Sn-Lagerstätten zu den typomorphen. Sie hängen mit der oberjurassischen und oberkretazisch-tertiären Epoche zusammen. Im Ural reichen die Fe-Lagerstätten, buchstäblich in allen magmatogenen Prozessen, vom Vorpaläozoikum bis zur varistischen Erzbildung. Die Lagerstätten typomorpher Mineralien wiederholen sich von Epoche zu Epoche nicht nur für Provinzen, sondern nicht selten auch für ihre einzelnen Zonen.

Die Wiederholung der Zusammensetzung der endogenen Lagerstätten ist in der Mehrzahl der Fälle unmöglich mit einer Umlagerung der Erzsubstanz älterer Lagerstätten in Beziehung zu bringen. Nur in einzelnen, vermutlich recht seltenen Fällen ist eine derartige Umlagerung anzunehmen.

Die Untersuchung der Metallogenese polyzyklischer Erzprovinzen in der Sowjetunion und der übrigen Welt ergab, daß auf ihren Territorien im allgemeinen verschiedene Lagerstättentypen mit bestimmten typomorphen Metallen dominieren, die jeder Erzprovinz spezifische metallogenetische Züge verleihen. Die Erzakkumulation dieser Metalle geht von einer Epoche zur anderen über und zeugt von einer langandauernden geochemischen Stabilität der in der Tiefe stattfindenden Regenerationsprozesse. Die Erklärung der Ursachen einer derartigen stabilen Spezialisierung in der Metallogenese einiger Erzprovinzen ist eine wichtige Frage. Ihre Lösung ist ein kompliziertes Problem.

Die Evolution des Magmatismus und der Erzbildung von den älteren zu den jüngeren geologischen Zyklen

Das Territorium der Sowjetunion zeichnet sich geologisch dadurch aus, daß sich hier Faltungsgebiete mit intrusiven Gesteinen und endogenen Lagerstätten aller Zyklen finden lassen.

Die archäische Epoche weist Lagerstätten vorpaläozoischer Tafeln und einzelner Massive älterer Gesteine auf, die auch in jüngeren Faltungsgebieten bekannt sind. Die charakteristischsten Gebiete dieses Typs sind der Baltische und der Ukrainische Schild der Russischen Tafel, der Aldan-Schild, das Anabarsker Massiv, die Jenissei-Hebung und der östliche Teil von Ostsajan auf der Sibirischen Tafel. Bei der Bildung der magmatischen Gesteine der archäischen Ära herrschten palingene Prozesse vor, die für die Erzbildung äußerst ungünstig sind. Für das Archaikum sind deshalb hauptsächlich metamorphe Lagerstätten vom Typ der Eisenquarzite charakteristisch. Von magmatischen Lagerstätten haben nur keramische und glimmerführende Pegmatite eine gewisse Bedeutung.

Die proterozoische und die sinische Epoche sind bislang in metallogenetischer Hinsicht noch nicht gegliedert. Lagerstätten dieser Epochen sind erstens in archäischen Gebieten, zweitens in einem Großteil des baikalischen Faltungskomplexes von Witim und Stanowik und drittens im altaiisch—sajanischen Faltungsgebiet verbreitet. Für diese Epochen sind Gabbro-Pyroxenit-Dunit- und Plagiogranit-Gesteine charakteristisch. Es treten späte saure Intrusionen auf, die sich auf die granodioritische und nachfolgende granitische und alaskitische Phase aufteilen. Kleinintrusionen, die den Magmatismus dieser Epochen abschließen, fehlen. Für diese Epochen ist am typischsten das Auftreten magmatischer Lagerstätten basischer Magmen, die Ilmenit-Magnetit-Erze und sulfidische Cu-Ni-Bildungen enthalten, ferner glimmerführende Pegmatite saurer Magmen und hydrothermale Schwefelkies- und Goldlagerstätten.

Die kaledonische Epoche ist die Schlußphase der Faltung im altai—sajanischen Gebiet und der Faltungsbeginn in einem großen Teil von Kasachstan, den nördlichen Zonen des Tienschan und dem westlichen Ural. Endogene Lagerstätten dieser Epoche sind auch in den Massiven anderer alter Faltungskomplexe varistischer und jüngerer Provinzen (Kaukasus, transbaikalisch-fernöstliche Provinz und Ferner Nordosten) zu finden. Peridotit-Intrusionen sind in kaledonischen Provinzen nur wenig vorhanden. In größerem Umfange treten Gabbro-Pyroxenit-Dunit-Gesteine und Plagiogranite auf. Nicht minder verbreitet sind mäßig saure Granitoide und ihnen folgende Granite. Kleinintrusionen des Endstadiums der kaledonischen Faltung werden in Form hypabyssischer Plutone alkalischer Gesteine in Ostsajan beobachtet, wo ihre Bildungszeit durchaus nicht genau fixiert ist. Für diesen Faltungszyklus sind besonders charakteristisch:

1. magmatische Ilmenit-Magnetit-Lagerstätten,
2. Fe-Skarnlagerstätten und
3. verschiedene hydrothermale Au-Lagerstätten in Quarzgängen, Kiesen und Skarnen.

Die varistische metallogenetische Epoche ist durch ungewöhnlich verschiedenartige Intrusivkomplexe gekennzeichnet. Reiche endogene Lagerstätten treten inmitten verhältnismäßig begrenzter Vererzungstypen der vorangegangenen wie auch der folgenden Perioden auf. Diese Lagerstätten sind im Ural, in Kasachstan, Mittelasien, im südlichen Teil von Taimyr, in der Tom—Kolywansker Zone, aber auch in Massiven paläozoischer Gesteine der mesozoisch-känozoischen Faltungsgebiete verbreitet.

Es treten frühe Intrusionen von Peridotiten, Gabbro-Pyroxenit-Dunit-Gesteinen und Plagiogranit-Syenit-Gesteinen auf. Granodioritische und granitische Gesteine sind weit verbreitet. Kleinintrusionen vollenden das Entwicklungsstadium. Für diese Epoche sind bedeutende und verschiedenartige Lagerstätten bekannt:

1. magmatische Chromitlagerstätten, die mit den Peridotiten des Urals zusammenhängen,
2. magmatische Titanmagnetit- und Platinlagerstätten in grabbroiden Gesteinen,
3. Fe- und Cu-Skarnlagerstätten, die mit Plagiogranit-Syenit-Intrusionen assoziieren,
4. polymetallische und W-Skarnlagerstätten, die mit Granitoiden höherer Basizität verbunden sind,
5. pegmatitische Greisen-Quarz- und Quarz-Lagerstätten von Sn, W, Mo, die mit granitischen und alaskitischen Intrusionen verknüpft sind, und
6. hydrothermale, hauptsächlich polymetallische und Cu-Lagerstätten, die im Stadium der Kleinintrusionen auftreten. Außerdem sind varistische Lagerstätten des Tafelstadiums bekannt, die hier nicht behandelt werden (z. B. auf dem Baltischen Schild).

Die mesozoische metallogenetische Epoche ist hinsichtlich der Evolution des Magmatismus ungewöhnlich originell. Man bemerkt in ihr eine gewissermaßen umgekehrte Abfolge der magmatischen Tiefenkomplexe und ihrer Lagerstätten. Im Frühstadium entstanden die Kleinintrusionen (z. B. der vorbatholithische Komplex von Kolyma). Unmittelbar danach drangen saure granitische Gesteine ein und später mäßig saure Granitoide. Besonders deutlich ist diese Entwicklung im östlichen Transbaikalien. Peridotite, Gabbros und Plagiogranite sind für die mesozoische Epoche völlig uncharakteristisch. Die Lagerstätten dieser Epoche sind im Fernen Nordosten, im Kaukasus und in der transbaikalisch-fernöstlichen Provinz verbreitet. Folgende Lagerstätten sind charakteristisch:

1. hydrothermale Au-Lagerstätten, die mit Kleinintrusionen und den spätesten Granitoiden zusammenhängen,
2. Pegmatit-, Greisen- und Quarzlagerstätten von Sn, W u. a. Metallen, die mit sauren Graniten assoziieren, und
3. Skarn- und hydrothermale Lagerstätten von Polymetallen, Cu, As (Arsenkies), Mo, W und Baryt, die mäßig saure Granitoide begleiten.

Die alpidische metallogenetische Epoche ist durch Lagerstätten im Fernen Nordosten, im östlichen Teil der transbaikalisch-fernöstlichen Provinz, im Kaukasus, in den Karpaten und im Kopet-Dag charakterisiert. Hier beobachtet man keine deutliche Evolution des Magmatismus und seiner Lagerstätten. Es sind hauptsächlich granitoidische Gesteine verbreitet. Intrusionen gabbroider und besonders peridotitischer Zusammensetzung sind nicht charakteristisch, obgleich sie auftreten (Sewan—Kurdistaner Zone des Kaukasus). Für diese Epoche sind verschiedenartige hydrothermale Lagerstätten kennzeichnend. Es sind auch Skarnlagerstätten von Eisen und polymetallischen Erzen bekannt.

Auf diese Weise beobachtet man in jeder Periode spezifische Abweichungen, die auf eine verschiedene Entwicklungsintensität der Intrusivgesteine von den älteren zu den jüngeren metallogenetischen Zyklen hinweisen. Dieser Umstand führt auch zu einer unterschiedlichen Entwicklung der endogenen Lagerstätten in den einzelnen Epochen.

Die Gesamtbetrachtung ermöglicht es, die Evolutionstendenz des Magmatismus und der endogenen Erzbildung näher zu beleuchten. Dabei zeigt sich, daß die Peridotitintrusionen der Frühstadien in allen Zyklen, außer dem varistischen und da nur in der Ural-Geosynklinale, schwach ausgebildet sind. Die Intrusionen gabbro-pyroxenit-dunitischer Zusammensetzung und die plagiogranitischen Gesteine entwickelten sich in wachsendem Maße vom proterozoischen Zyklus bis zum varistischen. Später nehmen sie stark ab. Die mäßig sauren Granitoide sind für alle Epochen mehr oder weniger beständig. Die alaskitischen Granite entstanden von den älteren Epochen bis zur mesozoischen gleichmäßig, treten im alpidischen Zyklus aber merklich zurück. Die Kleinintrusionen des Endstadiums treten in deutlicher Form nur seit dem varistischen Zyklus auf, sie dominieren in der alpidischen Epoche.

Die Ungleichmäßigkeit der magmatischen Entwicklung führte auch zu einer Ungleichmäßigkeit in der Bildungsintensität der Lagerstätten. Wirtschaftlich bedeutungsvolle magmatische Chromitlagerstätten sind nur für die varistische Epoche festzustellen. Magmatische Titanomagnetit- und Fe-Cu-Skarnlagerstätten entstanden in wachsendem Maße von der proterozoischen bis einschließlich der varistischen Epoche. Pegmatit- und Greisen-Quarz-Lagerstätten gehören dem Bildungsbeginn nach zu den älteren Zyklen. Bis zur varistischen Epoche findet man unter ihnen hauptsächlich keramische und glimmerführende Rohstoffe, und nur in der varistischen und in der mesozoischen Epoche sind mit ihnen Lagerstätten seltener Metalle verbunden. Hydrothermale und Skarnlagerstätten von Bunt-, seltenen und Edelmetallen fehlen im Archaikum, treten schwach ausgeprägt in der proterozoischen, sinischen und kaledonischen Epoche auf, erweitern sich stark in der varistischen Epoche und setzen ihre dominierende Stellung in der mesozoischen und alpidischen Epoche fort.

Die Gesamttendenz der Evolution des Magmatismus und der Erzbildung geht dahin: Von der proterozoischen Epoche bis einschließlich der varistischen treten deutlich Intrusionen und endogene Lagerstätten des Frühstadiums der Geosynklinalzyklen auf. In den nachfolgenden Epochen treten diese merklich zurück. Von der varistischen bis zur alpidischen Epoche wuchs die Rolle der Kleinintrusionen und der mit ihnen assoziierenden postmagmatischen Lagerstätten des Spätstadiums der Geosynklinalzyklen.

Auf diese Weise bildet die varistische Epoche einen Umschwung in der Entwicklung des Magmatismus und der Erzakkumulation. Die varistische Epoche besitzt eine breite Entwicklung aller Intrusivgesteine und endogenen Lagerstätten. In der Zusammensetzung der Intrusivgesteine und der Lagerstätten der vorangehenden Epochen spielten ultrabasische und basische Gesteine und Lagerstätten der frühen Geosynklinalstadien eine führende Rolle. Unter den Intrusivgesteinen und Mineralbildungen der nachfolgenden Epochen herrschen granitoidische Gesteine und ihre Lagerstätten vor. Dieser Umstand hängt möglicherweise damit zusammen, daß sich die Geosynklinalen in den frühen Zyklen noch auf einer verhältnismäßig dünnen sialischen Hülle, die den basaltischen Untergrund überdeckte, befanden. Später wuchs durch die Sedimentanhäufung die Mächtigkeit dieser Hülle und verhinderte den Zutritt der ultrabasischen und basischen Gesteine sogar zum einsinkenden Bett der Geosynklinale. Diese Vorstellung von der Evolution des Magmatismus und der Erzbildung ist eine Verallgemeinerung für das Territorium der Sowjetunion im ganzen. Für einzelne Geosynklinalen ergeben sich wesentliche Abweichungen.

Die Gliederung der Geosynklinalen nach ihren metallogenetischen Besonderheiten

Die Entwicklung des Magmatismus und der endogenen Erzbildung in den Geosynklinalen erlaubt ihre Gliederung. Es muß jedoch bemerkt werden, daß eine einheitliche, für alle Zwecke annehmbare Klassifikation der Geosynklinalen fehlt. Die bekannten Klassifikationen von Ch. SCHUCHERT, M. KAY und sogar W. E. CHAIN sind hierfür ungeeignet. Deshalb müssen die Geologen ihre eigenen Untergliederungen treffen. I. A. BILIBIN unterschied die uralischen, fernöstlichen und westeuropäischen metallogenetischen Geosynklinaltypen. I. A. RADKEWITSCH teilte die geosynklinalen Gebiete in femische und sialische Zonen. Ch. M. ABDULLAJEW unterschied aktivierte Geosynklinalen, Polygeosynklinalen, mobile Polygeosynklinalen mit abschließendem Magmatismus und Monogeosynklinalen.

Zur Typisierung und zum Zwecke eines metallogenetischen Vergleichs muß man den Weg einer vergleichenden Analyse der Entwicklungsbesonderheiten, des Aufbaus, Magmatismus und der endogenen Vererzung aller zu diesem Zweck zugänglichen Faltungsgebiete wählen. Der Versuch eines solchen Vergleichs für die Faltungsgebiete der Sowjetunion ergab, daß für die metallogenetische Gliederung der Geosynklinalen zwei Momente die größte Bedeutung haben:

1. das Vorhandensein oder Fehlen eines frühen Magmatismus im geosynklinalen Entwicklungsstadium und
2. für Geosynklinalen mit geringem Initialmagmatismus der Charakter der tektonischen Entwicklung während der Hauptfaltungsphase.

Nach diesen Merkmalen kann man vier Typen von Geosynklinalen unterscheiden, die als Typen A, B, C und D gekennzeichnet werden.

Die Geosynklinalen vom Typ A stellen Faltungsgebiete dar, die sich durch einen intensiven effusiven und intrusiven Magmatismus und frühe Metallogenese auszeichnen. Diesen Typ finden wir in der Ural-Geosynklinale. Ihr geosynklinales Bett zerfällt in eine Reihe von tiefen Grabenzonen, die durch Hebungsgebiete getrennt werden.

In der ersten Etappe des geosynklinalen Entwicklungsstadiums entstand eine relativ langandauernde Absenkung der von tiefen Brüchen begrenzten Gräben in den Senkungsgebieten und in der zweiten Etappe eine Durchbiegung in relativ kurzer Zeit. Im mittleren Entwicklungsstadium bildeten sich in diesem Raum

Antiklinorien, die durch im Bereich der Grabenzonen gebildete Synklinorien getrennt waren. Reichliche Produkte des frühen Magmatismus und der Metallogenese lokalisierten sich ausschließlich in den geosynklinalen Grabenzonen und entlang ihrer Grenzen. Batholithische Granitmassen und mit ihnen zusammenhängende postmagmatische des mittleren Entwicklungsstadiums verteilen sich in den Antiklinorien, im Gegensatz zu den vulkanogenen Synklinorien. Allgemein herrschen Granitoide erhöhter Basizität und Alkalität vor. Kleinintrusionen des späten Entwicklungsstadiums und ihre Lagerstätten sind diesen Geosynklinalen nicht eigen. Der Querschnitt solcher Geosynklinalen zeigt eine deutlich regionale metallogenetische Zonalität.

In den vulkanogenen Synklinorien konzentrieren sich Kies- und Fe-Cu-Skarnlagerstätten des frühen Stadiums. In den Antiklinorien lokalisieren sich hydrothermale Lagerstätten, mit denen Granite des mittleren Stadiums assoziieren. Längs ihrer Grenzen erstrecken sich schmale Felder magmatischer Lagerstätten, die durch ultrabasische und basische Intrusionen des frühen Stadiums hervorgerufen worden sind. Mit diesen Lagerstätten fallen hydrothermale Lagerstätten der Kleinintrusionen zusammen.

Die Geosynklinalen vom Typ B sind durch einen intensiven effusiven Magmatismus und eine frühe Metallogenese gekennzeichnet. Sie unterscheiden sich vom vorhergehenden Typus durch das Fehlen eines Tiefenmagmatismus dieser Stadien und das Fehlen von magmatischen Lagerstätten. Ein Vertreter ist die Geosynklinale des Großen Kaukasus.

In diesen Geosynklinalen treten zwei Hauptelemente der regionalen metallogenetischen Zonalität auf:

1. vulkanogene Zonen in den primären geosynklinalen Depressionen, in denen sich die Kiesvererzung der Effusiva konzentriert;
2. granitoidische Zonen der Antiklinorien, die durch Pegmatit-Greisen-Vererzung im inneren Teil und hydrothermale Sulfidvererzung im peripheren Teil der Geosynklinale charakterisiert sind. Im Grenzgebiet zwischen vulkanogenen und granitoidischen Zonen findet man eine gemischte Vererzung, die durch eine unbedeutende und lokale Erzakkumulation des Frühstadiums und durch hydrothermale Lagerstätten des späten Entwicklungsstadiums bestimmt wird.

Die Geosynklinalen vom Typ C sind Faltungsgebiete ohne frühen Magmatismus und Metallogenese und zeigen ein umgekehrtes Entwicklungsschema (mit Inversion). Beispiele dafür sind folgende Geosynklinalen: die kimmerische von Osttransbaikalien, die varistische des südlichen Tienschan und das Saisansker Grenzgebiet von Ostkasachstan und Westsibirien.

Nach den Besonderheiten des Aufbaus gehört dieser Typ zu den klassischen Geosynklinalen mit flachwelligen Undationen im frühen Stadium und einer Inversion in den Achsenerhebungen im mittleren Stadium. Die Geosynklinalen dieses Typs zeigen deutlich innere und äußere Zonen, die sich nach der Zusammensetzung der Gesteinsschichten, ihrer Mächtigkeit, ihrem Magmatismus und der Metallogenese unterscheiden.

Der Oberflächen- und Tiefenmagmatismus des frühen Stadiums ist in derartigen Geosynklinalen scharf begrenzt. Batholithischer Magmatismus und damit zusammenhängende Vererzung des mittleren Stadiums sind weit verbreitet. Dabei können räumlich zwei Gruppen von Granitoiden unterschieden werden. Die Granite mit normaler und extrem saurer Zusammensetzung intrudieren an den Grenzen der mittleren Aufwölbungen der inneren geosynklinalen Zonen. Hier bilden sich pegmatitische, Greisen-, Quarz-Feldspat- und Quarz-Lagerstätten. Die Gruppe der Granitoide erhöhter Basizität und Alkalität entwickelt sich an den Flanken der Geosynklinale und ihren peripheren Zonen unter Bildung symmetrischer Felder von Skarn- und hydrothermalen Lagerstätten, hauptsächlich mit sulfidischer Paragenese.

Die Geosynklinalen vom Typ D sind durch eine deutliche Abschwächung des Magmatismus und der Metallogenese des Frühstadiums gekennzeichnet. Man findet diesen Typ in den Geosynklinalen von Sichote-Alin und Werchojansk.

Diese Geosynklinalen entwickelten sich im allgemeinen im Bereich von vorangegangenen geologischen Zyklen. An Stelle der inneren Zonen dieser Geosynklinalen waren noch im Frühstadium Aufwölbungen oder stabile Massen älterer Gesteine vorhanden, deren Existenz die Möglichkeit einer Umwandlung der Geosynklinale in ein Faltungsgebiet mit Inversion des Achsenteils ausschließt. Die Randzonen dieser Geosynklinalen sind durch eine unsymmetrische Entwicklung charakterisiert. Die Zone, die an die ältere Tafel angrenzt, ist durch ein passives tektonisches Verhalten, schwachen Magmatismus und Erzführung und manchmal sehr frühen Abschluß der Entwicklung gekennzeichnet. Intensive tektonische, magmatische und metallogenetische Prozesse konzentrieren sich in der entgegengesetzten Randzone. Tiefenmagmatische und vulkanische Prozesse sind in sehr schwacher Form vorhanden und haben keine unmittelbare Bedeutung für die Metallogenese dieser Geosynklinalen. Die Vererzung, die mit den batholithischen Granitoiden des mittleren Stadiums verbunden ist, verringert sich merklich zugunsten der Erzführung der Kleinintrusionen des Spätstadiums. Hypabyssische Kleinintrusionen und mit ihnen assoziierende hydrothermale Lagerstätten entstanden prä- und postbatholithisch. Die regionale metallogenetische Zonalität im Querschnitt dieses Typs ist nicht deutlich ausgeprägt.

Die charakteristischen Besonderheiten der Metallogenese von Geosynklinalen verschiedener Typen zeigt die Tabelle.

Die Besonderheiten der Metallogenese der tektonischen Sektoren der Geosynklinalen

Gegenwärtig kann man mit Bestimmtheit behaupten, daß sich die endogenen Lagerstätten einer Geosynklinale gesetzmäßig nach bestimmten tektonischen Sektoren des geosynklinalen Systems im historischen Entwicklungsprozeß anordnen. Auf diese Weise bekommt die Untersuchung der Besonderheiten der Metallogenese tektonischer Sektoren der Geosynklinale eine wichtige Bedeutung. In Übereinstimmung mit den Vorstellungen von W. W. BELOUSSOW, W. A. NIKOLAJEW, A. W. PEJWE, W. M. SINIZYN und anderen kann man innerhalb dieser Sektoren unterscheiden:

1. innere Zonen, 2. periphere Zonen, 3. geosynklinale, sich senkende Bruchzonen, 4. Mittelmassive, 5. geosynklinaler Rahmen und 6. begrenzende Tiefenbrüche.

Die innere Zone zeigt die größte Tiefeneinsenkung im frühen Stadium und ist nicht für alle Geosynklinalen charakteristisch. In Geosynklinalen vom Typ D nehmen eine tektonisch stabile Masse und in Geosynklinalen

Die Besonderheiten der Metallogenie von Geosynklinalen verschiedener Typen

Typ der Geosynklinale	A	B	C	D
Stadien der Entwicklung				
Frühes Stadium	sehr deutlich	ausreichend deutlich	sehr deutlich	zerfällt nicht in typische Stadien
Mittleres Stadium	deutlich	deutlich	„ „	
Spätes Stadium	nicht deutlich	„	„ „	
Umwandlungsbedingungen der Geosynklinale in ein Faltungsgebiet				
Inversion der mittleren Stadien	teilweise Inversion d. späten Flyschsenken	teilweise Inversion d. späten Flyschsenken	völlige Inversion	ohne Inversion
Magmatische Prozesse				
Frühes Stadium				
vulkanogene Gesteine	stark entwickelt	entwickelt	schwach entwickelt	schwach entwickelt
Peridotit u. Gabbro	„ „	schwach entwickelt	„ „	„ „
Plagiogranite u. -syenite	„ „	entwickelt	fehlen	fehlen
Mittleres Stadium				
Erhöhte Basizität u. Alkalität	entwickelt	stark entwickelt	stark entwickelt	entwickelt
sauer (Granite)	schwach entwickelt	entwickelt	entwickelt	„
Spätes Stadium				
kleine Intrusionen versch. Bestandes	„ „	„	stark entwickelt	stark entwickelt
Vermutliches Gebiet des magmatischen Herdes				
Horizonte d. Magmenbildung	Basaltschicht m. Übergang zur sialischen	Zwischenschicht m. Übergang zur sialischen	sialische Schicht	sialische Schicht m. Übergang zur basaltischen
Besonderheiten des Aufbaus der Erdkruste				
Mächtigkeit d. sialischen Schale	klein	mittel	sehr bedeutend	bedeutend
Intensität der Erzbildung				
Frühes Stadium	stark entwickelt	entwickelt	fehlt	fehlt
Mittleres Stadium	entwickelt	„	entwickelt	entwickelt
Spätes Stadium	sehr schwach entwick.	auftretend	„	stark entwickelt
Genetische Lagerstättentypen				
Frühes Stadium				
Kieslagerstätten	stark entwickelt	entwickelt	fehlend	fehlend
Magmatische Lagerstätten	„ „	fehlend	„	„
Skarnlagerstätten	„ „	entwickelt	„	„
Mittleres Stadium				
Skarnlagerstätten	stark entwickelt	stark entwickelt	stark entwickelt	nicht entwickelt
Pegmatit- u. Greisenlagerstätten	nicht entwickelt	schwach ausgebildet	entwickelt	„ „
Spätes Stadium				
hydrothermale Lagerstätten	„ „	„ „	„	stark entwickelt
Gesetzmäßigkeit der Verteilung der Lagerstätten				
regionale Zonalität	deutlich	ausreichend deutlich	ausreichend deutlich	undeutlich
	Es wechseln 3 Zonentypen: 1. vulkanogene Z. mit Kies- und Cu-Fe-Lgst. 2. hyperbasitische u. basitische Z. mit magmatischen Lgst. von Fe, Ti, Cr u. Platinoid; 3. granitoide Z. mit Skarn- u. hydrotherm. Lgst. von Fe, Au u. a.	Zwei Zonentypen: 1. vulkanogene m. Kies-Lgst. v. Cu, Zn; 2. granitoide m. hydrotherm. Cu-Mo-Lagerst.	Drei Zonentypen: 1. innere granitische m. Pegmatiten und Greisen v. Sn u. W; 2. periphere m. hydroth. Lgst. v. Fe, Au, Bunt- u. selt. Metallen; 3. geosynkl. Rahmen mit kompliz. Vererzung d. mittl. u. manchm. späten Stadiums. Überprägende Vererzung im späten Stadium.	Metallogenet. Erzzonen versch. Bestandes, die zusammenhängen m. magmatisch. Komplexen d. mittl. u. späten Stadiums. Verschiedentl. überschneiden sie sich.

vom Typ A tektonische Bruchzonen den Platz der inneren Zone ein. Eine deutlich ausgeprägte innere Zone ist für die klassische Geosynklinale vom Typ C charakteristisch. Namentlich in ihr zeigt sich im frühen Stadium der geosynklinalen Entwicklung eine innere Zone, die sich zum mittleren Stadium hin in eine Achsenaufwölbung nach dem Schema der völligen Inversion verwandelt.

Die inneren Zonen kennzeichnet ein erstaunlich klar und überall ausgeprägter Magmatismus und Metallogenese. Für sie sind einaktiges Eindringen der Intrusionen und Lagerstättenbildung charakteristisch. Gesteine dieser Zonen sind normale und stark saure alaskitische Granite, die mächtige Erzfelder von Pegmatit-, Greisen- und Greisen-Quarz-Lagerstätten von seltenen Metallen hervorbringen.

Die peripheren Zonen bilden nicht derartige starke und stabile Tiefenverbiegungen im frühen Stadium, wie sie für die inneren Zonen der Geosynklinale charakteristisch sind. Hier dringen im mittleren Entwicklungsstadium größere batholithische Granitoide ein von hauptsächlich schwach saurer Zusammensetzung. Im Unterschied zu der inneren Zone besitzt der periphere Teil der Geosynklinale nicht überall eine ausgeprägte magmatisch-metallogenetische Charakteristik. Jedoch ist auch für ihn eine Assoziation von endogenen Lagerstätten charakteristisch, die Skarn- und hydrothermale Lagerstätten von Bunt-, seltenen und Edelmetallen umfaßt (meist in sulfidischer Paragenese). Das Bild des Magmatismus und der Metallogenese der peripheren Zonen ist nicht selten durch überprägenden Magmatismus und spätere Vererzung kompliziert. Außerdem pflegen die peripheren Zonen der Geosynklinalen selten eintypig zu sein, obgleich sie sich nach der Erzführung unterscheiden und eine Asymmetrie der regionalen metallogenetischen Zonalität des Faltungsgebietes schaffen.

Die geosynklinalen Bruchzonen stellen schmale „Hohlwege" dar, die durch große Tiefenbrüche oder eine Serie von Brüchen begrenzt sind. Längs dieser Zonen sank in den frühen Stadien der geosynklinale Boden systematisch und langandauernd ab, und diese Absenkung wurde durch eine Auffüllung mit submarinen vulkanogen-sedimentären Gesteinen ausgeglichen. Sie sind für die Geosynklinalen vom Typ A und B charakteristisch.

Für derartige tektonische Bruchzonen sind zwei Komplexe magmatischer Gesteine und Lagerstätten typisch:

1. vulkanogene, hauptsächlich spilitisch-keratophyrische Gesteine mit Kieslagerstätten und

2. plagiogranitisch-syenitische Intrusionen, die zu den sauren Differentiaten basaltischer Magmen gehören. Sie sind begleitet von Fe- und Cu-Skarnlagerstätten.

Die Mittelmassive können Vererzungen dreier Perioden vereinigen: 1. des vorangegangenen Zyklus, 2. des gegenwärtigen Zyklus und 3. regeneriertes Material des nachfolgenden Zyklus. Es müssen zwei Gattungen derartiger Massive unterschieden werden. Die Mittelmassive der ersten Art sind in den inneren geosynklinalen Zonen verbreitet. Die Massive der zweiten Art umfassen den geosynklinalen Ring nach allen Seiten und stellen demzufolge den Randteil abgeschlossener Geosynklinalen dar. Für die mittleren Massive der ersten Art, die zu den mittleren Aufwölbungen gehören, sind leukokrate Granite und Pegmatite, Greisen und Quarzgänge mit Zinn, Wolfram und anderen seltenen Metallen typisch. Die Mittelmassive der zweiten Art haben einen Magmatismus und Metallogenese, wie sie für den geosynklinalen Rahmen charakteristisch sind.

Der geosynklinale Rahmen umfaßt Lagerstätten, die für diese Zone typisch sind. Lagerstätten des vorangegangenen Zyklus können hier mit enthalten sein. Die Vererzung kann 50—70 km in den stabilen Kontinent hineinragen. Diese Vererzung hängt von der Intensität der tektonischen und magmatischen Regeneration der geosynklinalen Randteile ab.

Es können vier Typen der Erzhöffigkeit im geosynklinalen Rahmen abgetrennt werden:

1. intensiv regenerierte, mit Magmatismus und Vererzung in allen Stadien, die in der Geosynklinale bekannt sind,

2. begrenzt regenerierte, mit Magmatismus und Vererzung in einem der in der Geosynklinale bekannten Stadien,

3. schwach regenerierte, mit telethermaler Vererzung des späten Stadiums und

4. Fehlen von Intrusionen und endogener Vererzung.

Die abgrenzenden Tiefenbrüche umgeben sämtliche strukturell-faziellen Zonen der Geosynklinale. Am klarsten äußern sich die Tiefenbrüche durch Störungen, die die oben beschriebenen tektonischen Elemente der Geosynklinalen begrenzen. Diese begrenzenden Brüche, die in bedeutende Tiefen reichen, weisen auf die Möglichkeit eines Eindringens von Intrusivgesteinen hin. Der Vergleich derartiger Lagerstättenfelder zeigt, daß sie sich nur in den frühen oder späten Entwicklungsstadien bildeten. Diese wichtige Besonderheit entspricht den vorherrschenden Verhältnissen von Dehnung in den frühen und späten Stadien gegenüber dem Druck im mittleren Entwicklungsstadium der Geosynklinale.

Im frühen Stadium der Entwicklung dringen längs der begrenzenden Tiefenbrüche intrusive Gesteine peridotitischer und gabbro-pyroxenit-dunitischer Zusammensetzung empor. Sie bilden magmatische Chromit-, Titanomagnetit- und Platinoidlagerstätten. Im späten Stadium bestimmen diese Grenzbruchzonen das Eindringen der kleinen Intrusionen und ihrer hydrothermalen Lagerstätten. Es entstehen also Erzfelder verschiedener Zusammensetzung. Sie können einfacher oder kombinierter Zusammensetzung sein. Meistens werden jedoch einfache Erzfelder des frühen oder späten Stadiums beobachtet. Das ist auch natürlich; denn die intensive magmatische und erzbildende Entwicklung hebt den Magmatismus und die Vererzung des späten Stadiums auf oder umgekehrt.

Es muß zum Schluß bemerkt werden, daß bei der Betrachtung der Besonderheiten der Metallogenese von Geosynklinalen nur die Verhältnisse im Territorium der Sowjetunion betrachtet wurden. Ihre Erweiterung auf die Metallogenese von Faltungszonen anderer Gebiete der Welt, in denen diese Fragen leider sehr wenig bearbeitet werden, können zu Korrekturen zwingen, aber einzelne Punkte der oben dargelegten Probleme werden zweifellos existieren. Außerdem wurden nur gewisse Probleme des großen Fragenkreises der Metallogenese berührt.

Zusammenfassung

Nach Darstellung des allgemeinen Schemas der geosynklinalen Entwicklung geht Verf. auf die Besonderheiten des geosynklinalen Prozesses und der damit zusammenhängenden Vererzungen auf dem Territorium der UdSSR ein.

Nach Intensität sowie Vorhandensein oder Fehlen bestimmter Stadien erfolgt eine Gliederung der Geosynklinalen und ihrer Vererzungen für das Gebiet der Sowjetunion.

Резюме

После изложения общей схемы геосинклинального развития автор останавливается на особенностях геосинклинального процесса и связанных с ним оруденений на территории СССР.

В зависимости от интенсивности, а также наличия или отсутствия определенных стадий, производится расчленение геосинклиналей и их оруденений для территории Советского Союза.

Summary

After describing the general scheme of the geosynclinal development the author deals with the peculiarities of the geosynclinal process and mineralizations associated with it in the territory of the U. S. S. R.

A classification of geosynclines and their mineralizations is made for the territory of the Soviet Union in conformity with the intensity, presence or absence of certain stages.

Über die Festlegung von Rohstoffkonditionen für die verschiedenen Stadien der geologischen Erkundung[1)]

ERICH LEWIEN & HEINZ TREPPSCHUH, Berlin

(Mitteilung aus dem Zentralen Geologischen Institut der Staatlichen Geologischen Kommission, Berlin)

Die Vorgabe von Konditionen für einen geologisch zu erkundenden Rohstoff ist für die einwandfreie Ausarbeitung der geologisch-technischen Erkundungsprojekte wie auch für die Berechnung erkundeter Vorräte unerläßlich.

Konditionen sind nach STAMMBERGER (1959) und KAUTZSCH & RICHTER (1961) ein Komplex minimaler — in gewisser Richtung auch maximaler — Forderungen, welche die Industrie für die Nutzung eines mineralischen Rohstoffes gegenwärtig und in der nächsten Zukunft an den Rohstoff stellt.

STAMMBERGER schlägt vor, diesen Komplex der Forderungen an den Rohstoff einheitlich anzuwenden, ihn für alle an die ZVK einzureichenden Vorratsberechnungen für verbindlich zu erklären.

Die zahlenmäßige Festlegung dieser Rohstoffanforderungen erfolgte bisher unterschiedlich. Für verschiedene Rohstoffe sind einzelne Anforderungen, wie maximale Teufe, Mindestmächtigkeit, Mindestgehalte und schädliche sowie nützliche Komponenten, in den jeweiligen Instruktionen für die Anwendung der Lagerstättenklassifikation festgelegt. Diese Angaben sind aber lückenhaft und reichen als Vorgabe für den gewünschten Zweck nicht aus. In der Vergangenheit war der Direktor des ehemaligen ZGD von der Staatlichen Plankommission autorisiert, für Erkundungsobjekte des ZGD die erforderlichen Festlegungen zu treffen. Für Objekte, die im Vorfeld bestehender Bergwerksbetriebe gelegen sind, waren die Anforderungen des Betriebes zu übernehmen.

Mit der Bildung der VE-Erkundungsbetriebe ist diese Aufgabe auf den Leiter der StGK übergegangen.

Wenn mit STAMMBERGER unter Konditionen diejenigen Anforderungen an den Rohstoff zu verstehen sind, die den an die ZVK einzureichenden Vorratsberechnungen zugrunde gelegt werden, so liegt ihr Geltungsbereich eindeutig für die Erkundungsstadien Vorerkundung und eingehende Erkundung fest.

Für die Berechnung der Ergebnisse der Sucharbeiten, die in der Regel prognostische Vorräte der Untergruppe $delta_1$ und in besonderen Fällen der Klasse C_2 ergeben, schlagen KAUTZSCH & RICHTER sogenannte Richtwerte vor, die auch für die Vorerkundung gelten sollen, wobei sie jedoch noch um einige weitere (ebenfalls nur allgemein gehaltene Forderungen) zu ergänzen wären.

Über das Verhältnis der Anforderungen in den Konditionen und Richtwerten für die einzelnen Stadien liegen noch keine näheren Angaben vor, außer der Feststellung von KAUTZSCH & RICHTER, daß es sich bei der Vorgabe der Daten für die eingehende Erkundung normalerweise um die gleichen Daten handelt, die nach Abschluß der Vorerkundung festgelegt wurden. Ferner liegt eine briefliche Mitteilung von STAMMBERGER (29. 9. 61) vor, daß die Richtwerte der Sucharbeiten zwar wertmäßig mit denen der Vorerkundung identisch sind, nicht jedoch im Umfang ihrer Anwendung.

Von Bedeutung ist in dieser Hinsicht auch die Festlegung der ZVK, daß als Ergebnis der Sucharbeiten in der Regel Vorräte der Untergruppe $delta_1$, in besonderen Fällen auch Vorräte der Klasse C_2, ausgewiesen werden — also Vorräte, die bilanzwürdig sein müssen, bei deren Abgrenzung und Berechnung also die verwendeten Grenzwerte in ihrem Zahlenausdruck den Konditionen entsprechen müssen.

Es ergibt sich daraus auch für das Stadium der Sucharbeiten, daß die Zahlenwerte der in den Richtwerten festgelegten Anforderungen an den Rohstoff den Forderungen der ZVK für Bilanzvorräte entsprechen müssen, als Ausdruck für die selbstverständliche Forderung, daß auch Sucharbeiten und Vorerkundung auf den Nachweis von bilanzwürdigen Vorräten gerichtet sein müssen.

Die Richtwerte unterscheiden sich von den Konditionen jedoch durch den Umfang an zu berücksichtigenden Einzelanforderungen. Da sich mit dem Fortgang der Erkundungsarbeiten die Kenntnisse über eine Lagerstätte laufend vergrößern, wächst dieser Umfang vom ersten Stadium der Erkundungsarbeiten bis zur Einleitung der Vorerkundung.

Der Ansatz von Sucharbeiten ist von den Ergebnissen der Kartierung abhängig, die mit dem Nachweis von $delta_2$-Vorräten oder höffigen Räumen abschließen kann.

Der gesuchte Rohstoff braucht nicht nachgewiesen zu sein. Die Richtwerte (Anforderungen an den Rohstoff) spielen für den Ansatz von Sucharbeiten also keine oder nur eine untergeordnete Rolle. Jedoch kann die zu erwartende Teufenlage u. U. die Einleitung von Sucharbeiten ausschließen.

Für die Beurteilung der Ergebnisse von Sucharbeiten, insbesondere im Hinblick auf die Einleitung der anschließenden Vorerkundung, sind die Richtwerte dagegen entscheidend, da von der Erfüllung der in ihnen enthaltenen Bedingungen die Entscheidung über die Fortführung der Arbeiten (Vorerkundung) abhängt.

Hierbei erscheint es zweckmäßig, den verschiedenen Bedingungen ein unterschiedliches Gewicht zu geben und sie in Anforderungen, die unbedingt erfüllt sein müssen (Minimalanforderungen, u. U. Maximalforderungen), und Anforderungen, die kompensiert werden können, einzuteilen.

Zu den Minimalanforderungen gehören neben der Qualität des Rohstoffes noch die Vorratsmenge und die Teufenlage des Vorkommens.

Die Erfüllung oder Nichterfüllung der Minimalanforderungen bedeuten:

Erfüllung aller Minimalanforderungen: Es liegt ein vorerkundungswürdiges Objekt vor.

Nichterfüllung einer einzigen Minimalanforderung: Es liegt ein Außerbilanzobjekt vor, das u. U. durch Vorerkundung überprüft werden kann bzw. muß.

Nichterfüllung mehrerer Minimalanforderungen: Es liegt eine zu registrierende, nicht vorerkundungswürdige Vererzung vor.

Für die Abrechnung der Vorerkundungsergebnisse, die in Vorräten der Klasse C_2 bestehen und von der ZVK

1) Eingang des Manuskripts in der Redaktion: 14. 3. 1962

bestätigt werden müssen, sind die Konditionen in vollem Umfang anzuwenden.

Daraus ergibt sich zusammenfassend:

Die an den Rohstoff zu stellenden Anforderungen steigen mit dem Stadium der geologischen Untersuchung.

1. Kartierung

Für Ansatz und Beurteilung spielen Rohstoffanforderungen keine Rolle.

2. Sucharbeiten

Für den Ansatz von Sucharbeiten braucht der gesuchte Rohstoff nicht nachgewiesen zu sein. Es werden keine Rohstoffanforderungen gestellt.

Für die Beurteilung des Ergebnisses von Sucharbeiten, die zu prognostischen Vorräten ($delta_1$), u. U. auch C_2-Vorräten, führen, entsprechen die Rohstoffanforderungen (Richtwerte) wertmäßig den Bilanzbedingungen, jedoch nicht im Umfang ihrer Anwendung.

3. Vorerkundung

Die Fortführung der Arbeiten — Einleitung und Vorerkundung — hängt von dem Umfang der erfüllten Minimalforderungen ab.

Da für die Begründung der Zweckmäßigkeit von Arbeiten zur Vorerkundung die Ergebnisse der Sucharbeiten dienen, gelten die gleichen Richtwerte, wie sie für die Abrechnung von Sucharbeiten angewandt werden.

Die Abrechnung der Ergebnisse der Vorerkundung (C_2-Vorräte), die der Bestätigung durch die ZVK bedarf, erfolgt nach den Konditionen für Bilanzvorräte.

4. Eingehende Erkundung und betriebliche Erkundung

(KAUTZSCH & RICHTER = Nacherkundung)
Es gelten die Konditionen für Bilanzvorräte.

Vorschlag für die Festlegung von Rohstoffanforderungen (Richtwerte) für sedimentäre Eisenerze

Wie bereits erwähnt, enthalten die bisher vorliegenden Veröffentlichungen über Richtwerte für Sucharbeiten und Vorerkundung keine konkreten Zahlenangaben, wie sie der erkundende Geologe über die Abrechnung von Sucharbeiten und die Begründung für die Aufnahme von Arbeiten zur Vorerkundung benötigt. Das gilt beim gegenwärtigen Stand der Arbeiten besonders dringend für Sucharbeiten nach sedimentären Eisenerzen.

Im folgenden wird versucht, eine Methode für die Ermittlung von Richtwerten für sedimentäre Eisenerze zu begründen.

Für die vorliegende Aufgabe werden, wie bereits erwähnt, die Rohstoffanforderungen zweckmäßigerweise unterteilt in solche, die unbedingt eingehalten werden müssen, wenn das Vorkommen als erkundungswürdig gelten soll, und in solche Anforderungen an die Eigenschaften des Rohstoffes, die, falls sie nicht erfüllt werden, durch andere günstige Eigenschaften kompensiert werden können.

In die erste Gruppe, Minimal- und Maximalanforderungen, fallen Gehalt an nutzbarer Substanz, maximale Teufe, spezifischer und Gesamtlagerstättenvorrat sowie Mindestmächtigkeit. Die Unter- bzw. Überschreitung einer einzelnen der vorgenannten Anforderungen hat einen entscheidenden Einfluß auf die Einschätzung der Erkundungswürdigkeit.

Zu den kompensierbaren Anforderungen gehören z. B. die Gehalte an schädlichen Komponenten.

Minimal- bzw. Maximalforderungen

1. Gehalt an nutzbarer Substanz

In der 1. Eiseninstruktion der ZVK vom 15. Dez. 1960 sind unter 5.11 hierfür verbindliche Werte festgelegt.

Ihre Anwendung auf die Richtwerte für Sucharbeiten und Vorerkundung ergibt sich aus der selbstverständlichen Forderung, daß auch diese Arbeiten auf den Nachweis von bilanzwürdigen Vorräten gerichtet sein müssen.

2. Maximale Teufe

Die in der Eiseninstruktion festgelegte größte Teufe (1200 m), bis zu der Bilanzvorräte berechnet werden können, muß ebenfalls aus den vorgenannten Gründen als Anforderung in die Richtwerte eingehen.

3. Spezifischer Lagerstättenvorrat

Als eine sehr brauchbare Kennziffer für die Qualität sedimentärer Lagerstätten hat sich der Begriff des spezifischen Lagerstättenvorrats, die Rohstoffschüttung je Einheit der Lagerstättenfläche, eingebürgert (Kupferschiefer kg/m², Stein- und Braunkohle t/m²). Es liegt nahe, diese Kennziffer auch für den vorliegenden Fall anzuwenden.

Da der Investitionsaufwand für den zu errichtenden Bergbaubetrieb mit der Teufenlage des Vorkommens steigt, wachsen die Anforderungen an die Lagerstätte mit zunehmender Teufe. Das gilt besonders für den spezifischen Vorrat.

In der Abb. 1 sind die Angaben über die Eisenschüttung in Abhängigkeit von der Teufenlage für eine Anzahl von deutschen Vorkommen von Eisenerzen aufgetragen. Es liegt nahe, daß niedrige Werte des spezifischen Vorrats nur im Bereich geringer Teufen zulässig sind, während große Teufen nur hohe Zahlen voraussetzen, ein Ausdruck für die Tatsache, daß der Auf-

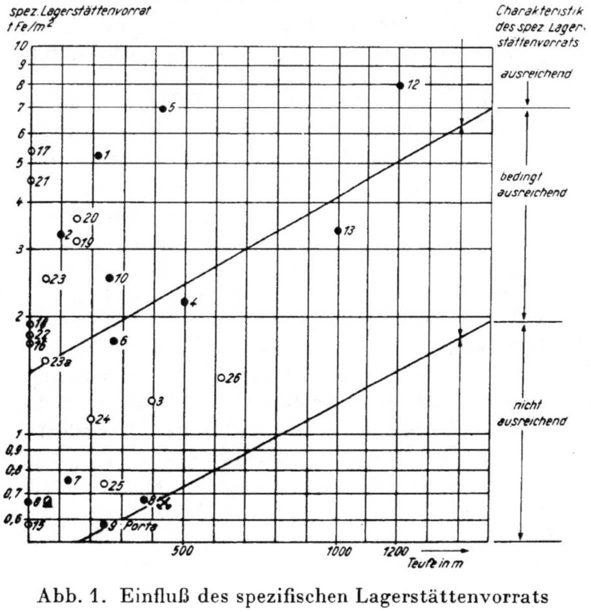

Abb. 1. Einfluß des spezifischen Lagerstättenvorrats

wand für die Gewinnung aus großer Teufe nur bei entsprechender Ergiebigkeit der Lagerstätte lohnt.

Die Darstellung dieser Abhängigkeit läßt sich für eine Charakterisierung dieser Kennzahl hinsichtlich der Aussichten einer geologischen Erkundung verwenden.

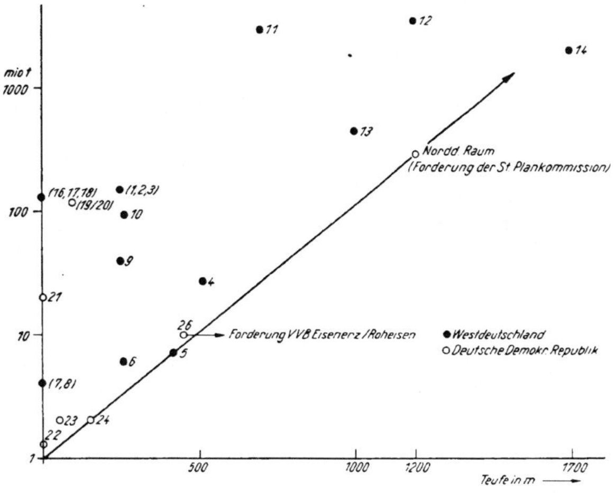

Abb. 2. Einfluß von Vorratsgröße und Teufe

Es ist eine untere Begrenzung anzugeben, die für die Begründung von Untersuchungsarbeiten gerade noch ausreicht. Diese Grenze muß so gelegt werden, daß Vorkommen, deren spezifische Vorräte — bezogen auf die Teufe — darunterliegen, mit Sicherheit als nicht erkundungswürdig anzusehen sind. Als Beispiel ist in der Abb. 1 die Grenze durch eine Gerade im einfach logarithmisch geteilten Netz angegeben, die durch den willkürlich angenommenen Wert des spezifischen Vorrats 0,45 t/m² bei Teufe 0 und den Punkt 9 verläuft. Der letztere entspricht den Verhältnissen der Lagerstätte Porta. Diese Lagerstätte liegt hinsichtlich ihrer Ausbildung (Mächtigkeit und Gehalt) unter den an bauwürdige Lagerstätten zu stellenden Forderungen. Nach Kohl (Archiv für Lagerstättenforschung 1934) verdient der Rohstoff den Namen „Eisenerz" nicht. Daß jetzt dennoch jährlich rd. 300000 t Erz gewonnen werden, ist durch besonders günstige bergmännische Verhältnisse (ungestörte Lagerung, sehr gute Hangendverhältnisse und dadurch mögliche hohe Mechanisierung der Gewinnung, Anreicherung durch Rösten) möglich.

Wie bereits betont wurde, dient die gezeichnete Grenzlinie nur zur Kennzeichnung des Verfahrens. Für den praktischen Gebrauch müssen ökonomisch begründete Werte benutzt werden, z. B. Mindestwerte des spezifischen Vorrats im Tagebaubereich und in verschiedenen Teufen, die gerade noch eine geologische Erkundung gerechtfertigt erscheinen lassen. Der in der Abb. 1 verwendete Wert der Schüttung von 0,45 t/m² bei Teufe 0 ist willkürlich angenommen. Die Daten der westdeutschen Lagerstätten sind für unseren Zweck nicht brauchbar, da die Grenze der Erkundungswürdigkeit von der Bauwürdigkeitsgrenze abhängt, für die in der sozialistischen Wirtschaft andere Grundsätze als in der kapitalistischen Wirtschaft gelten.

Die Grenzlinie für die Erkundungswürdigkeit sollte so gelegt werden, daß alle Vorkommen, die niedrigere spezifische Vorratszahlen aufweisen, mit Sicherheit als nicht erkundungswürdig aus dem Kreis der weiteren Betrachtung ausscheiden. Das ist erforderlich, um den erkundenden Geologen eine eindeutige Entscheidung darüber zu ermöglichen, ob ein Vorkommen als nicht erkundungswürdig zu beurteilen ist.

Aus dieser Forderung ergibt sich eine Grenze, die nur nach unten eindeutig ist. Lagerstätten, deren Vorratskennwert knapp oberhalb der gezogenen unteren Grenzlinie liegt, brauchen nicht eindeutig erkundungswürdig zu sein. Sie bedürfen vielmehr zusätzlich der Berücksichtigung weiterer Eigenschaften. Ihr spezifischer Vorrat kann hinsichtlich der Begründung der Erkundungswürdigkeit nur als bedingt ausreichend angesehen werden.

Um den Bereich der bedingt spezifischen Vorräte nach oben abzugrenzen, wird eine weitere obere Grenzlinie vorgeschlagen, die den Bereich mit sicher ausreichenden Vorräten abgrenzt.

In der Abb. 1 ist zur Veranschaulichung des Vorschlags ebenfalls willkürlich eine Grenzlinie parallel zur unteren Grenzlinie knapp unterhalb des Punktes 23a gezogen. Dieser charakterisiert die Verhältnisse des Erkundungsobjektes Gebersdorf für die Lagerstättenteile mit der unteren Grenzmächtigkeit für Bilanzvorräte.

Für die Festlegung dieser Grenzlinie gilt das für die untere Grenze Gesagte: Es sind ökonomisch begründete Werte für den spezifischen Vorrat in Abhängigkeit von der Teufenlage festzulegen.

Das ist eine Aufgabe, die nur im Zusammenwirken von Geologen, Berg- und Hüttenleuten sowie Ökonomen unter Anleitung der Staatlichen Plankommission durch einen Arbeitskreis gelöst werden kann.

4. Lagerstättensubstanz

Aus den gleichen Gründen, wie sie für den spezifischen Vorrat gelten, besteht ein Abhängigkeitsverhältnis zwischen der Größe der Gesamtvorräte (Lagerstättensubstanz), die ein Vorkommen haben muß, um als erkundungswürdig zu gelten, und seiner Teufenlage. Besonders der Aufwand für die im oft sehr mächtigen Lockergebirge niederzubringenden Schächte ist nur vertretbar, wenn eine solche Lagerstättensubstanz vorliegt, die eine angemessene Lebensdauer der Anlage verspricht.

Es wird vorgeschlagen, auch diese Abhängigkeit in einer Graphik darzustellen. In Abb. 2 sind die in Abb. 1 angegebenen Vorkommen hinsichtlich ihrer Größe und Teufenlage geordnet. Die eingezeichnete Linie, die nicht erkundungswürdige Vorkommen abgrenzt, wurde durch zwei ältere Forderungen der VVB Eisenerz und der Staatlichen Plankommission bestimmt. Sie hat, wie die Grenzlinien in Abb. 1, nur informatorischen Charakter und soll lediglich das vorgeschlagene Verfahren erläutern. Auch hier wäre für den praktischen Gebrauch eine Festlegung von ökonomisch begründeten Kennziffern erforderlich.

5. Mindestmächtigkeit

Sowohl für die Ermittlung der Eisenschüttung als auch der Substanz dürfen bei aus mehreren Lagern zusammengesetzten Lagerstätten nur die Lager einbezogen werden, die aus bergtechnischen Gründen als gewinnbar anzusehen sind. Im Richtlinienentwurf ist zunächst willkürlich eine Mindestmächtigkeit von 1,5 m angenommen worden, ihre technisch-ökonomische Begründung hat notwendigerweise noch zu erfolgen.

Bei Anwendung einer solchen Kennziffer als Minimalforderung ist ferner präziser festzulegen, unter welchen

Bedingungen mindermächtige Lager unter Annahme einer gleichzeitigen Gewinnung zulässig erscheinen.

Zusammenfassung

Es wird eine Methode zur Festlegung von Richtwerten für die Anforderungen an sedimentäre Eisenerze in den Stadien der Sucharbeiten und Vorerkundung vorgeschlagen, wobei die Anforderungen an den Rohstoff in Minimal- bzw. Maximalforderungen und kompensierbare Anforderung unterteilt werden. Für die Kennziffern, spezifischer Vorrat und Lagerstättensubstanz, wird zur Berücksichtigung ihrer Abhängigkeit von der Teufe die Anwendung graphischer Darstellungen empfohlen. Für die konkrete Festlegung der erforderlichen Grenzwerte wird die Bildung eines Arbeitskreises vorgeschlagen.

Резюме

Предлагается метод для установления ориентировочных показателей требований к осадочным железным рудам в стадиях поисковых работ и предварительной разведки, причем требования к минеральному сырью подразделяются на минимальные или максимальные требования, с одной стороны, и возмещаемые требования, с другой стороны. Для показателей удельного запаса и содержания месторождения с целью учитывания их зависимости от глубины рекомендуется использование графиков. Для конкретного установления необходимых предельных величин предлагается создание рабочей группы.

Summary

A method is proposed to specify reference values for requirements to be satisfied by sedimentary iron ores during prospecting and preliminary reconnaissance stages, with the raw material requirements subdivided into minimum requirements and maximum ones respectively, and compensatory requirement. For the reference values specific reserve and deposit substance graphic representations are recommended to consider their dependence on the depth. For a concrete specification of necessary limiting values the constitution of a working group is proposed.

Literatur

KAUTZSCH, E. & G. RICHTER: Erkundungsstadien und Konditionen. — Z. angew. Geol., 7, S. 560—562 (1961).

KOHL: Archiv für Lagerstättenforschung, 1934.

STAMMBERGER, F.: Zur Festlegung der Konditionen für mineralische Rohstoffe. — Z. angew. Geol., 5, S. 458—463 (1959).

Seltene Erden in Flußspäten[1]

O. G. KOSLOWA, UdSSR

Beim Studium des Einflusses Seltener Erden auf die optischen Eigenschaften von Fluorit (STEPANOW & FEOFILOW 1957) führte die Autorin halbquantitative Lumineszenzanalysen von Flußspäten einer Reihe sowjetischer Lagerstätten durch (KOSLOWA 1957). Eine Besonderheit der Lumineszenzmethode besteht darin, daß getrennte halbquantitative Bestimmungen einiger Seltener Erden in Flußspäten bei Gehalten unter 10^{-2} % vorgenommen werden können. Allerdings ist das Anwendungsgebiet der halbquantitativen lumineszenzanalytischen Bestimmung Seltener Erden begrenzt. Man kann nämlich relativ genau (Empfindlichkeit etwa $1 \cdot 10^{-5}$ %) nur die Konzentration der vier dreiwertigen Elemente Sm, Eu, Tb und Dy feststellen. Der Gehalt an anderen Elementen der Lanthanidenreihe kann mit der Lumineszenzmethode nicht ermittelt werden. Vor allem ist die Bestimmung von Ce nicht möglich. Das ist besonders deshalb von Bedeutung, weil sich ein überschüssiger Ce-Gehalt negativ auf die Durchsichtigkeit von Fluorit auswirkt. (Ce hat im Spektralbereich von 325 mμ ein breites Absorptionsband.)

Wie aus einer Arbeit von A. MASUDA (1957) hervorgeht, kann der quantitative Gehalt von Ce, La, Pr, Nd, Sm und Gd mit Hilfe von Koeffizienten ermittelt werden.

Auf Grund zahlreicher experimenteller Daten und Diagramme über den Zusammenhang in der relativen Konzentration zweier SE von WAINSTEIN (1955, 1956/1, 1956/2) ermittelte A. MASUDA 20 verschiedene Formen von ternären Kombinationen, wobei jede derselben 3 Elemente aus folgenden sechs SE umfaßt: La, Ce, Pr, Nd, Sm, Gd (Tab. 1).

Bei der Untersuchung dieser 20 Formeln von A. MASUDA wurde eine quantitative Gesetzmäßigkeit in der Verteilung der Elemente aus der Gruppe der SE abgeleitet, die in folgender Beziehung stehen: $E_m = A E_l + B E_n$, wobei E_l, E_m, E_n Elemente mit den entsprechenden Ordnungszahlen l, m, n ($l < m < n$) sind. A und B, die ebenfalls in die Formel eingehen, sind äquivalent, gemäß

Tabelle 1

Ce	= 0,69	Nd	+ 1,22	La	(1)		Ce	= 1,56	La	+ 1,80	Gd	(11)
Pr	= 0,058	Ce	+ 0,125	Nd	(2)		Nd	= 0,50	La	+ 2,6	Gd	(12)
Nd	= 0,24	Ce	+ 1,95	Sm	(3)		Pr	= 0,154	La	+ 0,43	Gd	(13)
Sm	= 0,065	La	+ 1,11	Gd	(4)		Pr	= 0,126	La	+ 0,39	Sm	(14)
Ce	= 0,93	La	+ 4,2	Pr	(5)		Sm	= 1,04	Gd	+ 0,042	Ce	(15)
Pr	= 0,071	La	+ 0,165	Nd	(6)		Sm	= 0,41	Pr	+ 0,93	Gd	(16)
Ce	= 1,62	Sm	+ 1,46	La	(7)		Sm	= 0,128	Nd	+ 0,78	Gd	(17)
Nd	= 0,35	La	+ 2,3	Sm	(8)		Nd	= 0,32	Ce	+ 2,0	Gd	(18)
Pr	= 0,088	Ce	+ 0,24	Sm	(9)		Pr	= 0,098	Ce	+ 0,26	Gd	(19)
Nd	= 1,29	Sm	+ 2,7	Pr	(10)		Nd	= 3,3	Pr	+ 1,20	Gd	(20)

$$(E_m/E_l)_0 (n - m) (n - l) \text{ und } (E_m/E_n)_0 (m - l) (n - l)$$

Auf Grund dieser Gesetzmäßigkeit kann man eine Reihe von Gleichungen aufstellen:

$$Ce = 1/2\,(Ce/La)_0\,La + 1/2\,(Ce/Pr)_0\,Pr$$
$$Pr = 1/2\,(Pr/Ce)_0\,Ce = 1/2\,(Pr/Nd)_0\,Nd$$

Durch Kombination der beiden Gleichungen erhält man:

$$Ce = 2/3\,(Ce/La)_0\,La = 1/3\,(Ce/Nd)_0\,Nd \quad (a)$$
$$Pr = 1/3\,(Pr/La)_0\,La = 2/3\,(Pr/Nd)_0\,Nd \quad (b)$$

Eine der erhaltenen Gleichungen wird mit der entsprechenden empirischen Formel (1) gleichgesetzt:

$$Ce = 0{,}69\,Nd = 1{,}22\,La$$

Daraus sind die Koeffizienten, der Gleichung (a) entsprechend, gleich $1/3\ (Ce/Nd)_0 = 0{,}69$ und $2/3\ (Ce/La)_0 = 0{,}55$. Oder anders: $(Nd/Ce) = 0{,}48$ und $(La/Ce)_0 = 0{,}55$.

Auf diesem Wege kann man den relativen Gehalt eines jeden Elementes bestimmen. (Die Seltenen Erden Eu, Tb, Dy, Ho, Er, Tm, Gamma-Ytterbium und Lu sind für derartige Berechnungen noch ungenügend erforscht.)

[1] Aus: „Geologia i raswedka", Nr. 7, 1961. — Übers.: E. HARLASS

In der vorliegenden Arbeit benutzt die Autorin die von A. MASUDA entdeckte quantitative Gesetzmäßigkeit in der Verbreitung von Ce, Pr, Nd, Gd und La für die Bestimmung der Konzentration derselben in Flußspäten. Bei diesen Berechnungen werden die Gehalte an SE durch Bezug auf Sm ermittelt, dessen Konzentration in Flußspäten verschiedener Lagerstätten der UdSSR bereits in einer früheren Arbeit (KOSLOWA 1957) bestimmt wurde.

Flußspat weist nicht die Eigenschaft auf, gewisse SE selektiv anzureichern. Deshalb hat man Grund anzunehmen, daß in ihm auch jene Seltenen Erden sind, die nicht durch die Lumineszenzanalyse bestimmt wurden. Die Konzentration von Sm wurde mittels der Lumineszenzmethode mit einer Empfindlichkeit von $1 \cdot 10^{-5}$ % ermittelt. Die gleiche Empfindlichkeit kann auch für die Bestimmung der Gehalte von La, Ce, Pr, Nd und Gd zugrunde gelegt werden.

Die Gehalte von La, Ce, Pr, Nd und Gd im Verhältnis zu Sm werden mit den Gleichungen ermittelt, die das Verhältnis aller interessierenden Elemente zu dem Element Sm enthalten:

$$\mathrm{Sm} = 1/2\,(\mathrm{Sm/Nd})_0\,\mathrm{Nd} + 1/2\,(\mathrm{Sm/Gd})_0\,\mathrm{Gd}$$
$$\mathrm{Nd} = 2/3\,(\mathrm{Nd/Pr})_0 + 1/3\,(\mathrm{Nd/Sm})_0\,\mathrm{Sm}$$

$$\mathrm{Sm} = 2/5\,(\mathrm{Sm/Pr})_0 + 2/5\,(\mathrm{Sm/Gd})_0\,\mathrm{Gd} \qquad (c)$$
$$\mathrm{Nd} = 4/5\,(\mathrm{Nd/Pr})_0 + 1/5\,(\mathrm{Nd/Gd})_0\,\mathrm{Gd} \qquad (d)$$

Die Gleichung (c) wird mit der empirischen Formel (16) gleichgesetzt, wonach Sm = 0,41 Pr + 0,95 Gd ist. Es ergeben sich:

$$0{,}41 = 2/5\,(\mathrm{Sm/Pr})_0 \qquad \underline{\mathrm{Pr/Sm} = 0{,}889}$$
$$0{,}93 = 3/5\,(\mathrm{Sm/Gd})_0 \qquad \underline{\mathrm{Gd/Sm} = 0{,}645}$$

$$\mathrm{Sm} = 1/2\,(\mathrm{Sm/Nd})_0\,\mathrm{Nd} + 1/2\,(\mathrm{Nd/Sm})_0\,\mathrm{Sm}$$
$$\mathrm{Sm} = 1/3\,(\mathrm{Sm/Ce})_0\,\mathrm{Ce} + 2/3\,(\mathrm{Sm/Gd})_0\,\mathrm{Gd} \qquad (e)$$

Die Gleichung (e) wird mit der empirischen Formel (15) gleichgesetzt:

$$\mathrm{Sm} = 1{,}04\,\mathrm{Gd} + 0{,}042\,\mathrm{Ce} \qquad 0{,}042 = 1/3\,(\mathrm{Sm/Ce})_0$$
$$\underline{\mathrm{Ce/Sm} = 7{,}936}$$

$$\mathrm{Sm} = 1/2\,(\mathrm{Sm/Nd})_0\,\mathrm{Nd} + 1/2\,(\mathrm{Sm/Gd})_0\,\mathrm{Gd}$$
$$\mathrm{Nd} = 2/5\,(\mathrm{Nd/La})_0\,\mathrm{La} + 3/5\,(\mathrm{Nd/Sm})_0\,\mathrm{Sm}$$
$$\mathrm{Sm} = 2/7\,(\mathrm{Sm/La})_0\,\mathrm{La} + 5/7\,(\mathrm{Sm/Gd})_0\,\mathrm{Gd} \qquad (f)$$
$$\mathrm{Sm} = 0{,}065\,\mathrm{La} + 1{,}11\,\mathrm{Gd}$$
$$0{,}065 = 2/7\,(\mathrm{Sm/La})_0 \qquad \underline{\mathrm{La/Sm} = 4{,}200}$$

Analog bestimmt man die Nd-Konzentration im Verhältnis zu Sm: $\underline{(\mathrm{Nd/Sm}) = 3{,}871}$

Nach der Ermittlung der notwendigen Verhältnisse (Koeffizienten) der SE zu Sm setzt man die zahlenmäßigen Werte für Sm ein. Letztere sind in zusammengefaßter Form in einer Tabelle (KOSLOWA 1957) zu finden. Hier sei nur ein Beispiel angeführt:

In farblos-durchsichtigen, kristallisierten Proben eines Fluorits wurden $0{,}8 \cdot 10^{-3}$ % Sm nachgewiesen. Daraus kann man den Gehalt an La, Ce, Pr, Nd und Gd ermitteln (Tab. 2).

Tabelle 2.

Ce/Sm = 7,936	Ce = $0{,}8 \cdot 10^{-3}\% \cdot 7{,}936 = 6{,}349 \cdot 10^{-3}\%$
La/Sm = 4,200	La = $0{,}8 \cdot 10^{-3}\% \cdot 4{,}200 = 3{,}360 \cdot 10^{-3}\%$
Pr/Sm = 0,889	Pr = $0{,}8 \cdot 10^{-3}\% \cdot 0{,}889 = 0{,}711 \cdot 10^{-3}\%$
Nd/Sm = 3,871	Nd = $0{,}8 \cdot 10^{-3}\% \cdot 3{,}871 = 3{,}097 \cdot 10^{-3}\%$
Gd/Sm = 0,645	Gd = $0{,}8 \cdot 10^{-3}\% \cdot 0{,}645 = 0{,}516 \cdot 10^{-3}\%$

Es wäre interessant, eine experimentelle Überprüfung der dargelegten Schlußfolgerungen durchzuführen. Jedoch existiert derzeit, außer der Lumineszenzanalyse, keine andere Methode zur getrennten quantitativen Bestimmung Seltener Erden in Flußspäten bei derart geringen Konzentrationen.

Literatur

KOSLOWA, O. G.: Seltene Erden in Flußspäten verschiedener Lagerstätten der UdSSR. – Geochimia, Nr. 1, 1957 (russ.).

MASUDA, A.: Simple regularity in the variation of relative abundances of rare earth elements. – Journ. of Earth Sciences Nagova University, 5, Nr. 2 (1957).

STEPANOW, I. W. & P. P. FEOFILOW: Künstlicher Fluorit. – In: Handbuch „Wachstum der Kristalle", Bd. 1. – Verlag AN SSSR, 1957 (russ.).

WAINSTEIN, E. E., A. I. TUGARINOW & N. W. TURANSKAJA: Die Verbreitung von Seltenen Erden in granitoidischen Monaziten. – Dokl. AN SSSR, **104**, Nr. 2 (1955) (russ.).

– Die Verbreitung von Seltenen Erden in granitoidischen Monaziten. – Dokl. AN SSSR, **106**, Nr. 4 (1956) (russ.).

– Über die Gesetzmäßigkeiten in der Verbreitung Seltener Erden in einigen Mineralen. – Geochimia, Nr. 2, 1956 (russ.).

Zum Rohstoff Helium[1]

KURT KAUTER, Berlin

(Mitteilung aus dem Zentralen Geologischen Institut der Staatlichen Geologischen Kommisson, Berlin)

Kurze Charakteristik der allgemeinen Lage

Die industrielle Heliumproduktion begann während des ersten Weltkriegs in den USA zum Füllen der Zellen von Luftschiffen. Zu Kriegsende lagen dort 4250 m³ bereit (KAUENHOWEN 1932). 1929 wurde diese Industrie staatlich gestützt. Dadurch konnte die Kapazität der Anlagen wesentlich erweitert werden. Im Juni 1930 ergab die Produktion die Rekordhöhe von 39630 m³ Helium, gegenüber dem sonstigen Monatsdurchschnitt von 21236 m³. Bei einer solchen Leistung hätte die Produktion von ca. 11 Monaten für die einmalige Füllung eines Luftschiffes vom Typ LZ 129 mit Edelgas gerade ausgereicht.

1938 wurde die Heliumproduktion verstaatlicht. Sie ergab im Jahre 1940 ca. 100000 m³. Die Produktionsentwicklung in den USA ist in Abb. 1, entnommen ULLMANNs Encyklopädie, dargestellt. 1950 betrug sie 2,3, 1951 = 3,2 und 1953 = 4,5 Mill. m³. Heute dürfte die Produktion bereits zwischen 10 und 12 Mill. m³ liegen. Genaue Produktionszahlen werden nur spärlich veröffentlicht. Es ist aber die Tendenz bekannt, die Leistungen innerhalb der nächsten 10 Jahre auf etwa das Sechsfache zu steigern. Die USA und die UdSSR stehen an der Spitze der Weltproduktion. Diesen beiden Großproduzenten gegenüber fallen die Ertragszahlen der anderen Länder der Welt nicht ins Gewicht.

In früheren Zeiten betrug der Reinheitsgrad von He ca. 97% mit 3% Ne. Die restlose Trennung beider Edelgase war schwierig und kostspielig. Heute bedeutet die „übliche Reinheit" 99–99,5% He. In der in Dresden arbeitenden Gewinnungsanlage kann Helium mit 99,97% He und 0,03% Ne hergestellt werden. Die Her-

[1]) Eingang des Manuskripts in der Redaktion: 26. 2. 1962

stellungskosten für Helium aus Erdgas in den USA entwickelten sich folgendermaßen:

1000 cft = 28,3 Nm^3 He	1921 = 486	Dollar
	1950 = 12,5	,,
(99,5%ig)	1954 = 19,0	,,

Helium ist ein Edelgas: farblos, geruchlos, geschmacklos, chemisch indifferent. Es ist das am schwersten zu verflüssigende Gas, das lange Zeit nicht in festem Zustand dargestellt werden konnte. Heute läßt es sich unter hohen Drücken verfestigen. Festes Helium wurde sogar noch bei der etwa zehnfachen kritischen Temperatur (unter einigen 1000 at) beobachtet. Nächst Wasserstoff ist es das spezifisch leichteste Gas.

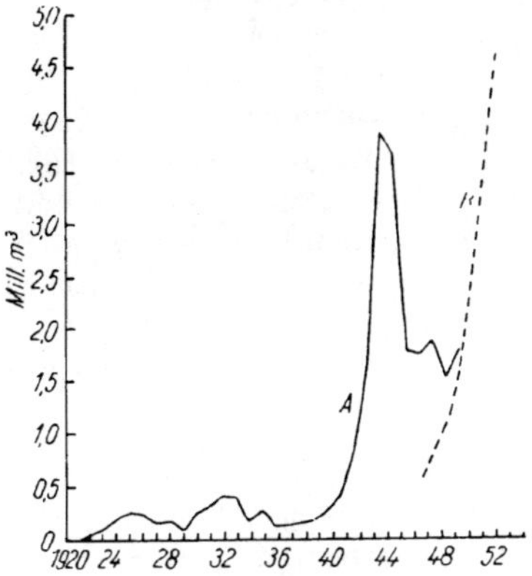

Abb. 1. Helium- und Argonproduktion in den USA

A — Heliumerzeugung in regierungseigenen Anlagen, B — gesamte Argonerzeugung.

Flüssiges Helium ist sehr leicht beweglich. Selbst bei tiefsten Temperaturen zeigt es keine Viskositätszunahme. Dies gilt besonders für das sogenannte He II (unterhalb 2°_K), das eine sehr kleine scheinbare Viskosität aufweist („Quantenflüssigkeit"). Es hat eine geringe Oberflächenspannung und eine kleine Brechungszahl.

Seine chemisch-physikalischen Werte sind: Ordnungszahl 2, Atomgewicht 4 (gegen Sauerstoff = 16), Kernladung He^{++}, kritische Temperatur $T_K \approx 5°$ absolut, kritischer Druck $p_K = 2{,}26$ at, kritische Dichte $D_K = 0{,}0598$, Siedepunkt = 4,21° absolut. Ein Schmelzpunkt im üblichen Sinne existiert nicht.

Seine Diffusion in Gasen (He in Ar) beträgt:

$$\text{für } {}^1/_2\ l: \Delta = 0{,}25405\ m^2/h$$
$$\text{für } {}^3/_4\ l: \Delta = 0{,}25040\ m^2/h \quad (l = \text{Röhrenlänge})$$

Seine Diffusion durch poröse Substanzen weist einige Eigenarten auf. Durch Pfeifenton beispielsweise diffundiert es schneller, als das GRAHAMsche Gesetz es fordert. Die ermittelte zur wahren Dichte zeigt das Verhältnis:

$$1{,}77 : 2{,}08$$
$$\text{bzw. } 1{,}811 : 2{,}021$$

Die Diffusion durch absorbierende Mittel ist sehr verschiedenartig. Ausführliche Einzelheiten sind GMELIN (1926) oder BARRER „Diffusion in and through solids" zu entnehmen.

In 1 Vol. Wasser lösen sich bei 18,2°C = 0,0073 Vol. He. Für Alkohol und Benzol galt Helium lange Zeit als unlöslich. In neuerer Zeit hat sich seine Löslichkeit mit folgenden Koeffizienten herausgestellt:

Benzol (C_6H_6)	$\alpha = 0{,}0174$
Äthylalkohol (C_2H_5OH)	$\alpha = 0{,}0275$

Vorkommen

Helium kommt in der Natur in der Sonne vor, wo es 1868 erstmalig entdeckt wurde. Sein Name deutet das an.

In einigen Fixsternen und Nebelflecken ist es spektroskopisch nachgewiesen. Es scheinen gewisse Beziehungen zu bestimmten Temperaturen zu bestehen. Die Beobachtung von Violettverschiebung in Gasmassen deutet darauf hin, daß radiale Gasbewegungen aus dem Stern heraus vor sich gehen.

Nur in Ausnahmefällen konnte Helium auch in Meteoriten festgestellt werden.

Auf der Erde wurde es erstmals 1895 nachgewiesen. Sein größter Verbreitungsbereich ist die atmosphärische Luft, wo es mit 0,0005 Vol.-% bzw. 0,00007 Gew.-% vorkommt. Nach GMELIN ist in diesem Medium sein Verhältnis innerhalb der Reihe der anderen Edelgase folgendes:

	Ar	Ne	He	Kr	X
Vol.-%	0,932	0,0015	0,0005	0,000005	0,0000006
Gew.-%	1,285	0,001	0,00007	0,000014	0,0000025

In der Atmosphäre soll sich eine eigenartige Separation derart abzeichnen, daß der He-Gehalt bis zu einer Höhe von 100 km zunimmt, darüber hinaus aber eine Abnahme erfolgt. Entsprechend der von ROGERS (1921) errechneten, erheblichen Zufuhr von Helium aus der Erde in die Atmosphäre müßte dort der Heliumanteil wesentlich höher sein, als es tatsächlich der Fall zu sein scheint. (Nach ROGERS entstehen im Jahr 25 bis 28 Mill. m^3 Helium.)

Helium kommt ferner vor als Bestandteil vulkanischer Exhalationen, insbesondere in manchen Soffionen und Solfataren.

Tab. 1. Erdgasquellen zur Heliumgewinnung in den USA

Gewinnungsgebiet	Größe (km^2)	He-Gehalt %	He-Gewinnungsanlagen	He-Produktion bis 1950 ($m^3 \cdot 10^6$)
Channing Area Moore County, Tex.	280	0,9	Exell	12
Cliffside Field Potter County, Tex.	200	1,8	Amarillo	7
Otis Field Rush u. Barton Counties, Kan.	65	1,4	Otis*)	1,6
Cunningham Field Pratt u. Kingman Counties, Kan.	40	1,2	Cunningham**)	1,2
Rattlesnake Field San Juan County, N. M.		7,5	Navajo (Shiprock) ***)	0,06
Gebiete früherer Heliumgewinnung:				
Petrolia Field, Tex.			Fort Worth	1,3
Dexter Field, Kan.			Dexter	?
Model Dome, Col.			Thatcher	?
Reservegebiete:				
Woodside Structure Emery County, Utah		1,3	(Heliumreserve I)	
Harley Dome Grand County, Utah		7	(Heliumreserve II)	

*) z. Z. stillgelegt, **) nach 1945 abgebrochen, ***) Reserve

Zeitschrift für angewandte Geologie (1962) Heft 7

Tab. 2. Helium- und Edelgasgehalte in Erdgasen verschiedener Provenienz

Erdgasfeld bzw. Sonde	CH_4	C_2H_6	C_3H_8 u. höher	N_2	O_2	CO_2	H_2	He	Bemerkungen
USA									
Pretoria, Texas	56,85	10,3		31,13	0,54	0,25		0,93	
Amarillo-Panhandle, Texas	68,7	17,4						2,0	
„ Bushdome				25,0				2,0	
Dexter, Cansas	14,9	0,4		82,7	0,2			1,84	
Walden, Colorado	2,8	1,9		2,9	0,6	91,8		0,01	
Ohio	78,6	7,71	0,55	12,13	0,3	0,15		0,56	
Kanada									
Calgary, Alberta	87,6	0,9		11,2		Sp.	Sp.	0,33	
Österreich									
Wels (Tiefbohrung)								0,0089	
Frankreich									
Pechelbronn 220								0,0063	
Tiefb. Elsaß	5,65			46,17	0,1	47,75		0,38	
Pechelbronn 1266	6,77			65,31	–	26,05		1,09	
„ 2141	98,98			1,0	–	Sp.		0,003	
„ 2183	98,1			1,36	–	0,15		0,004	
Ungarn									
Kissármás								0,0014	
Sowjetunion									
Estland I								0,007	mit Ar u. Ne = 0,16
Estland II								0,04	mit Ar u. Ne = 0,14
Westdeutschland									
Heide, Holst.								0,01	Ar = 0,485
Neuengamme	93,8	1,18		3,21	0,5	0,16	1,15	0,0135	Ar = 0,05
Oldershausen II	50,1			45,0	4,0	0,2		0,011	Edelgase = 0,7
Oberg, Peine								0,002	He + Ar + Ne = 0,013
Ebag 45	7,0	82,0	0,5	9,9	0,4	0,1		0,0064	Ar = 0,09
Brand 51	89,7			9,6	0,7	0,1	Sp.	0,002	
Ahlen, Westf.	92,2			6,7	0,7	0,4		0,19	Ar = 0,08
Ascheberg 3a	94,1			1,5	–	–		0,08	Ar = 0,014

Einzelheiten dieser Tabelle entstammen den Veröffentlichungen von ENGLER-HÖFER, GROTENSOHN, KAUENHOWEN, KREJCI-GRAF und STUTZER.

Sein Vorkommen in Grubengasen, im Erdgas und in den Sumpfgasen ist oft beobachtet und mehrfach beschrieben worden. In Nordamerika deckt sich die Erstreckung solcher Heliumvorkommen mit den geologischen Strukturen. Maximale Anreicherungen wurden dort zwischen Dexter und Eureka mit 1,84% He gefunden. Allgemein wird in den Staaten Texas, Oklahoma, Südostkansas, Südillinois, Ohio, Pennsylvanien und New York Helium mit Werten zwischen 0,01 und etwa 2% angetroffen, teilweise auch industriell gewonnen. In Japan weisen einige Erdgase Heliumgehalte zwischen 0,002 und 0,2% auf. Eigentümlicherweise besteht eine gewisse Proportion zwischen Helium und Stickstoff, gegensätzlich zur Radioaktivität des betreffenden Gases. Vorkommen in Deutschland (Neuengamme etc.) sind bekannt, ebenfalls Rumänien (Siebenbürgen), Ungarn usw. Tab. 1 gibt einige Kennwerte aus nordamerikanischen Vorkommen (nach ULLMANN) wieder.

Tab. 2 bringt weitere Einzelheiten über die Anreicherung von Helium und Edelgasen im Erdgas verschiedener Provenienz zum Ausdruck.

In sehr geringen Mengen findet man Helium im Meer- und Flußwasser.

Bedeutender hingegen sind seine Vorkommen in Quellen, Quellgasen und Quellablagerungen. Einer Tabelle aus GMELIN sind die in Tab. 3 zusammengestellten Werte entnommen.

Das Heliumvorkommen von Santenay ist das prozentual reichste der Welt. MOUREU u. a. (1912), der eine große Zahl heliumhaltiger Quellen der Welt analysiert hat, stellt fest, daß der He-Gehalt solcher Quellwässer meist höher ist, als er sich auf Grund des Vorhandenseins radioaktiver Substanzen erklären ließe.

In vulkanischen Auswürfen des Vesuvs, isländischer Vulkane und in einigen Bimssteinen konnte hin und wieder ebenfalls Helium in geringen Mengen nachgewiesen werden.

Beachtenswerte Heliumvorkommen stellen Gesteine und Mineralien dar. Mit hochempfindlichen, chemischen und physikalischen Methoden läßt es sich in fast allen Gesteinen und in einer großen Anzahl von Mineralien nachweisen. In keinem Falle aber ist es dort chemisch gebunden, vielmehr immer okkludiert vorhanden. Folgende ebenfalls auszugsweise GMELIN entnommene Tabelle gibt einige wichtige Heliumwerte für Mineralien und Gesteine wieder (Tab. 4).

Angesichts dieser Tatsachen stellten RUTHERFORD & SODDY 1903 die These auf, daß zwischen den radioaktiven Mineralien und dem Heliumgehalt ein genetischer Zusammenhang bestehe. Demnach müßte das Verhältnis $He:U_3O_8$ konstant sein. Die Analysen haben dies im Prinzip bestätigt. Folgende Verhältniswerte wurden errechnet:

Samarskit = 14
Hämatit = 9
Bleiglanz = 17
Quarz = 10

Es ergaben sich aber auch eine Anzahl gestörter Verhältnisse. Sie werden auf geologische Ursachen zurückgeführt, sei es, daß Dislokationen oder auffallende Veränderungen der Porositätsverhältnisse vorliegen.

Letztlich kommt Helium auch in Organismen vor. Das Verhältnis entspricht im wesentlichen der Zusammensetzung der Luft.

Tabelle 3

	Vol.-% He	Bemerkungen
Baden-Baden	0,85	
Wiesbaden. Kochbrunnen	1,7	He + Ne + Ar
Wildbad	0,17	= 1400 mal mehr als Luft
Aix-les-Bains (Alaun-Quelle)	0,0037	
Aix-les-Thermes	0,097	
Bourbon-Lancy	1,84	= jährl. 10074 l He
Luxeuil (Bain – des Dames)	0,87	= jährl. 200 l He
Santenay (Côte d'Or)		
Lithiumquelle	10,16	= jährl. 5182 l He
„ Carnot	9,97	= jährl. 17845 l He (auszugsweise)

Tab. 4. Einige Heliumwerte für Mineralien und Gesteine

Mineral/Gestein	cm³ He/1 g	% He
Cleveit	7,2	0,13
Fergusonit	1,1	0,020
Samarskit	0,27	0,005
Bröggerit	~1,0	0,018
Monazit	bis 2,41	0,043
Pechblende	bis 0,30	0,0053
Thorianit	10,5	0,19
Flußspat (Grönland)	0,027	0,00048
Zirkon	0,09	0,0016
Euxenit	0,73	0,013
Gadolinit	10500,0	190,0
Keilhauit	16300,0	293,0
Niobit	3600,0	64,8
Apatit	1160,0	20,8
Beryll I	16800,0	302,4
Limonit	150,0	2,7
Hämatit	98,4	1,77
Granit	29,0	0,52
Diorit	5,2	0,0936
Phonolith	8,7	0,157
Basalt	1,9	0,0342

(auszugsweise)

Gewinnung

Helium wurde bisher auf verschiedene Weise gewonnen. Am ältesten ist seine Darstellung aus Mineralien. Sie erfolgt gewöhnlich durch Vakuumbehandlung stark pulverisierter Mineralsubstanzen. So ergibt nach WOOD 5 g gepulverter Cleveit:

bei	520°	620°	770°	1020°	1220°C
cm³ He	3,8	2,5	14,5	16,5	3,1

Als günstigste Temperatur für eine gute Ausbeute ist das Intervall von 1000—1200°C zu betrachten. Diese Methode eignet sich aber nur für Versuche in Laboratorien, wirtschaftlich ist sie nicht verwertbar. Die übliche industrielle Gewinnung geschieht auf der Grundlage der normalen Luftzerlegung. Dabei wird Helium nach Art der fraktionierten Destillation gewonnen. Bei diesem Prozeß bleibt ein He-Ne-Gemisch mit Stickstoff zurück, das in jedem Fall abgeblasen werden muß. Die weitere Trennung erfolgt durch Überführung des Stickstoffs auf Siedetemperatur, wobei diejenigen von He 73° und Ne 50° unter dessen Siedepunkt liegen. Die endgültige Trennung der beiden Edelgase erfolgt auf verschiedene Weise. Es können heute im technischen Sinne einwandfreie und vollständige Trennungen erreicht werden.

In den USA und in der Sowjetunion wird Helium in Großproduktion aus Erdgas und Erdölgasen gewonnen, etwa 99% der gesamten Weltproduktion. Das Erdgasvorkommen von Pretoria, Texas (Tab. 2), liefert bei einem He-Gehalt von 0,93% täglich etwa 42500 m³ Gas. Das Albertafeld in Kanada (Tab. 2) würde mit einem He-Gehalt von 0,33% des Erdgases bei 80%iger Heliumausbeute ca. 30000 m³ He im Jahr liefern können. Die gängigen industriellen Verfahren sind die bekannten nach LINDE, CLAUDE und JEFFRIES-NORTON. Sie arbeiten mit Tieftemperaturen bei unterschiedlichen Drücken. Die moderne Gewinnung arbeitet mit der OTIS-Anlage, einem Zweistufenverfahren.

Die ersten Anlagen in den USA wurden ausschließlich auf Helium betrieben, d. h. Helium war das Primärprodukt. Erst neuerdings ist man aus Gründen der Kostensenkung, besonders bei geringeren He-Gehalten, zur komplexen Ausnutzung übergegangen. Helium ist heute immer das Sekundärprodukt eines anderen Prozesses: Zerlegung von Luft, Verflüssigung von Methan etc. Außerdem wendet man z. Z. in den USA auch ein Diffusionsverfahren an.

Entstehung und Lagerstättenbildung

In unserem unmittelbaren Beobachtungsbereich entsteht Helium auf zweierlei Art:

1. bei normalem radioaktivem Zerfall,
2. beim Prozeß künstlicher Atomumwandlung.

Der zweite Fall scheidet für diese Untersuchungen aus. Nach den Untersuchungen von ROGERS (1921) und später von CHLOPIN (1934) ist die in der Erdkruste vorhandene Menge radioaktiver Substanz ausreichend für die Erklärung der Menge des vorhandenen Heliums. Eine Abhängigkeit des irdischen Heliumhaushaltes von kosmischen Zufuhren ist deshalb nach diesen Untersuchungen in nennenswertem Maße nicht anzunehmen.

MOUREU eröffnete 1912 eine Diskussion über „fossiles Helium". Die Heliumlieferung einiger Quellen, insbesondere der bereits erwähnten von Santenay, ist derart groß, daß bei einem konstanten Zerfall unvorstellbar große Mengen radioaktiver Substanz auf kleinem Raum angereichert sein müßten. Deswegen nahm er verdeckte Reservoire von Helium an, die sich in der Gegenwart langsam entleeren. In diesem Sinne gibt es sicher kein „fossiles" Helium, wohl aber ist dieses Gas in weiterer Sicht fossil, weil es erst nach Vorgängen der Migration und Akkumulation in hervorstechender Weise in den Sedimentgesteinen in Erscheinung tritt.

Tab. 4 veranschaulicht, daß der Heliumgehalt, sowohl einzelner Mineralien wie auch einzelner Gesteine, sehr unterschiedlich ist. Granit enthält weit mehr Helium als Basalt. Diese Tatsache bestätigt auch die Analyse auf Radioaktivität (KIRSCH 1928) (Tab. 5).

Daraus darf man zwei Schlußfolgerungen ziehen:

1. Magmatische Gesteine sind im Durchschnitt radium- und damit auch heliumreicher als Sedimentgesteine.

2. Der Radium-Helium-Gehalt nimmt mit zunehmender Basizität ab.

JOLY (Radioactivity and Geology) gibt zu Punkt 1 auf Grund umfangreicher Versuche die Erläuterung, daß innerhalb der uns zugänglichen Sedimentgesteine im Durchschnitt nur 60% der Radiummenge enthalten sind gegenüber der gleichen Menge von Erstarrungsgesteinen, aus denen die Sedimente letztlich entstanden sind. (Es tritt dort eine bisher noch ungeklärte Differenz auf.)

Zu Punkt 2 ist zu bemerken (KIRSCH 1928), daß

der Mittelwert saurer Gesteine bei $1{,}7 \cdot 10^{-12}$,
der Mittelwert basischer Gesteine bei $1{,}1 \cdot 10^{-12}$

liegt.

Tabelle 5

Magmengesteine:	Granit	3,31 bis $4{,}78 \cdot 10^{-12}$
	Syenit	$2{,}44 \cdot 10^{-12}$
	Hornblendegranit	$1{,}22 \cdot 10^{-12}$
	Augitsyenit	$0{,}93 \cdot 10^{-12}$
	Olivinbasalt	$0{,}66 \cdot 10^{-12}$
	Basalt	0,63 bis $0{,}30 \cdot 10^{-12}$
Sedimentgesteine:	Marmor	1,93 bis $0{,}26 \cdot 10^{-12}$
	Dachschiefer	$1{,}28 \cdot 10^{-12}$
	Ton	$0{,}86 \cdot 10^{-12}$
	Roter Kalk	$0{,}53 \cdot 10^{-12}$
	Kalk	0,39 bis $0{,}12 \cdot 10^{-12}$

Somit ist als erster Leitsatz für die Entstehung des Heliums festzustellen:

(1) Das Helium ist eine Funktion radioaktiver Substanz im Gestein.

Da die Entwicklung von Helium ein kontinuierlicher Prozeß im Zyklus des radioaktiven Zerfalls ist, gilt als zweiter Grundsatz:

(2) Helium ist eine Funktion des Alters der Gesteine.

Die Vorausbestimmung der zu erwartenden Menge Helium auf Grund des Alters von Gesteinen ist aber infolge der sehr verschiedenartigen geologischen Prozesse, denen die Gesteine unterworfen waren, sehr kompliziert. KIRSCH (1928) gibt einige Zahlen, die die Problematik kennzeichnen:

1. Junge Ulbrichite aus Connecticut enthielten 30—40% weniger als den Sollgehalt,
2. das Katangaerz 15% weniger,
3. norwegische Bröggerite 10% weniger,
4. Süddakotaerz 3% weniger.

Es ist also Helium abgewandert. Deshalb kann man von gebundenem Helium sprechen, das in Mineralien okkludiert ist, und von freiem Helium, das am Prozeß der Migration teilnimmt.

Des weiteren ist dieses Edelgas ohne Zweifel abhängig von der Intensität der radioaktiven Strahlung, weshalb man als dritten Leitsatz aufstellen kann:

(3) Die Menge des Heliums ist abhängig von der Intensität der radioaktiven Prozesse im Gestein.

Bei den Möglichkeiten der Darstellung von Helium wurde das Pulverisieren von Mineralien genannt. Allein durch diesen Vorgang werden große Teile des okkludierten Heliums frei. STRUTT stellte weitere Versuche mit Über- und Unterdruck an, ohne daß sich die Abgabe des Edelgases aus dem Mineral wesentlich verändert hätte. Somit kann man als vierten Leitsatz feststellen:

(4) Freiwerdendes Helium ist eine Oberflächenfunktion des Minerals im Gestein.

Helium kommt niemals allein, immer aber in Begleitung anderer Substanzen in der Natur vor. WAGER (1932) formuliert auf Grund von 28 Analysen, Proben aus amerikanischen Erdölfeldern, nach CADY und MCFARLAND (1907) folgende Verallgemeinerungen:

1. Hochprozentige He-Gase mit 0,5—1,84% finden sich in Gemeinschaft mit höheren Stickstoffanteilen,
2. Heliumgehalte unter 0,5% kommen mit niedrigen Stickstoffanteilen vergesellschaftet vor.
3. Im Vergleich mit brennbaren Gasen ist das umgekehrt.
4. Kohlendioxyd war immer nur in ganz geringen Mengen vertreten.

Diese Definition hat nur lokale Gültigkeit und kann nicht generalisiert werden, wie schon die Arbeiten des Japaners YAMADA (1923/1926) und anderer erkennen lassen, die für einen Heliumgehalt über 0,28% folgende Unterteilung im Hinblick auf seine Begleitgase vorschlugen:

1. Petroleumgase
2. Gase von Mineralquellen
3. Solfataren
4. Kohlengase
5. Gase fraglicher Natur

Auch diese Einteilung genügt modernen Erfordernissen nicht mehr.

Generalisierend darf man jetzt als fünften Leitsatz feststellen:

(5) Helium sucht die Nachbarschaft sehr verschiedener Gase und bevorzugt:

1. CO_2 bei Solfataren etc.,
2. N_2 bei Mineralquellen und
3. brennbare Gase bei Kohlen, Erdöl und Erdgas.

Kohlenwasserstoffe und Stickstoff sind in wechselnder Menge Bestandteile der Erdgase allgemein. Deshalb sei diese Frage noch etwas eingehender untersucht.

Die Häufung von Heliumvorkommen in Verbindung mit Erdöl und Erdgas nährt den Verdacht eines genetischen Zusammenhangs zwischen beiden. Er könnte einmal gesucht werden in der organischen Ursprungssubstanz, zum anderen in dem Vorgang der Erdölbildung und der Heliumentstehung. Die Untersuchungen von KREJCI-GRAF (1932) zeigen, daß der Radiumgehalt der pflanzlichen Substanz viel zu gering ist, um als Ursache des Heliumgehaltes in Frage zu kommen. In tierischen Körpern ist nach gleichlaufenden Versuchen die Lage ähnlich. Auch eine Untersuchung des Meerwassers (JOLY) ergab mit $0{,}017 \cdot 10^{-12}$ eine ganz unbedeutende Potenz. Somit scheidet die Möglichkeit „ex origine" aus.

ALEKPEROW & EFENDIEW (1959) untersuchten Radiumgehalte im Erdöl von Apscheron und kamen zu dem Ergebnis, daß im dortigen Rohöl $1 \cdot 10^{-7}$ bis $5 \cdot 10^{-5}$ g U_3O_8 im l enthalten sind.

Sie stellten ferner fest, daß eine reziproke Beziehung zwischen den Uran- und Aschegehalten der Erdöle vorliege, und erkannten, daß,

a) naphthenische Erdöle höhere Urangehalte aufweisen als asphaltische,

b) die Urangehalte vom Chemismus der Tiefenwässer derart abhängen, daß höhere Gehalte an Wässer mit starken Ca-, Na- und Cl-Anteilen gebunden sind.

KREJCI-GRAF untersuchte bereits 1932 den Radiumgehalt solcher Lagerstättenwässer mit folgendem Ergebnis:

Tabelle 6

Lagerstätte	Radiumgehalt
Uchta	$0{,}74 \cdot 10^{-11}$ %
Dagestan	$0{,}12 \cdot 10^{-11}$ %
	$0{,}03 \cdot 10^{-11}$ %
Bibi-Eibat	$0{,}03 \cdot 10^{-11}$ %
	$0{,}16 \cdot 10^{-11}$ %
	$1{,}83 \cdot 10^{-11}$ %
Grosny	$0{,}35 \cdot 10^{-11}$ %
	$0{,}03 \cdot 10^{-11}$ %

Den durchschnittlichen Radiumgehalt von Lagerstättenwässern gibt er mit $0{,}38 \cdot 10^{-11}$ % an. Auch mit solchen Größen kann man den Heliumgehalt von Erdölgasen und Erdgasen nicht erklären. Wir können deshalb mit einigem Vorbehalt als sechsten Leitsatz formulieren:

(6) Helium liegt bei Lagerstättenbildung als Fremdbestandteil in anderen Gassubstanzen vor.

Die Migration des Heliums vollzieht sich unter den Gesetzmäßigkeiten der Heliumspannung vom höhergespannten Medium zum niedergespannten.

Der Antwort auf die Frage der gegenseitigen Beziehungen zwischen Erdgas und Helium kam CHLOPIN

(1934) einen entscheidenden Schritt näher. Er stellte fest (Abb. 2), daß sich die Ausscheidung von Helium aus Mineralien in einer Wasserstoffsphäre wesentlich beschleunigt und vervollständigt. Die gleiche Erscheinung konnte er beobachten bei einer reinen Methansphäre. Eine zusätzliche Steigerung des Effektes trat ein, nachdem das Methan der Einwirkung von Ra-Em ausgesetzt war (Abb. 3).

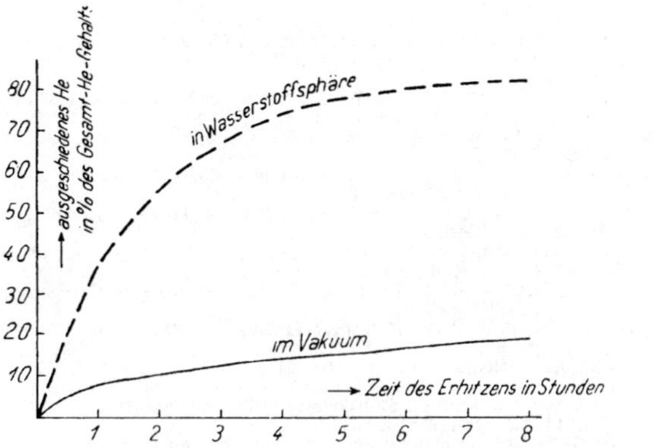

Abb. 2. Ausscheiden von Helium aus Uranit bei Erhitzen auf 500 °C in Wasserstoffsphäre (nach CHLOPIN aus MAYER-GÜRR)

Bekanntlich ist Ra-Emanation in Erdöl 50 mal leichter löslich als in Wasser. Es ist nicht von der Hand zu weisen, daß Erdöl und Erdgas bei ihrer Entstehung, bei der Migration und in den Lagerstätten mit radioaktiven Mineralien in Berührung kommen konnten. In einer solchen Sphäre entstand eine „Art selektiver Adsorption" (KAUENHOWEN 1932 und MAYER-GÜRR 1938).

Bezüglich der Gemeinschaft des Heliums mit Stickstoff in genetischer Hinsicht ist bisher keine Gesetzmäßigkeit zu erkennen. Die gebräuchliche Annahme, daß ein hoher Heliumgehalt parallel gehe mit einem hohen Stickstoffgehalt, entspricht nicht immer der Realität. Es gibt beachtenswerte Ausnahmen in beiden Richtungen:

a) heliumreiche-stickstoffarme Gase (z. B. Kanada),
b) stickstoffreiche-heliumarme Gase (z. B. Westbrook, Texas).

Such- und Erkundungsgrundsätze

Die modernen Sucharbeiten auf Helium sind von den Zufallsfunden früherer Jahre ebensoweit entfernt wie die Verwendung dieses Edelgases im Zeppelin bis zum modernen Kernreaktor. Nachdem die Gesetzmäßigkeiten seiner Entstehung und seines Vorkommens bekannt waren, konnten in der Sowjetunion entsprechende Instruktionen ausgearbeitet werden, über die unter anderem SAWTSCHENKO (1957) berichtet. Für die Zwecke der vorliegenden Darstellung genügen die nachstehenden wichtigsten Angaben.

1. Innerhalb sedimentärer Ablagerungen bildet das Helium folgende Lagerstättentypen:

A = reine Gaslager
A_1 = zusammen mit brennbaren Gasen (Kohlenwasserstoffen)
A_2 = zusammen mit nichtbrennbaren Gasen (Stickstoff)
A_3 = zusammen mit gemischten Gasen verschiedener Konsistenz, darunter auch kohlensauren Gasen
B = im Erdöl gelöste Gase
B_1 = reine Kohlenwasserstoffgase
B_2 = gemischte Gase

2. Die Akkumulation von Helium in Sedimentgesteinen wird am zweckmäßigsten durch die Heliumspannung ausgedrückt, und zwar:

a) für reine Gasansammlungen mit Helium durch den partiellen He-Gasdruck,
b) für Helium, das in Flüssigkeit (Wasser oder Erdöl) gelöst ist, durch die Gleichung:

$$P_{He} = \frac{v_{He}}{\alpha_{He}}$$

(P_{He} = Heliumspannung in at; v_{He} = Menge des Heliums, das bei 0 °C und 760 mm Hg-Säule in 1 m³ Flüssigkeit gelöst ist; α_{He} = BUNSENscher Löslichkeitskoeffizient von He in einer gegebenen Flüssigkeit.)

3. Die Migration des Heliums im Gestein wird hauptsächlich verursacht durch unterschiedliche Heliumspannung in Wasser, Erdöl und Gas. Die größte Spannung liegt in Gesteinen vor, deren Poren mit Wasser gefüllt sind, die geringste Spannung bei Gas. Die Migration wird also die Tendenz einer Anreicherung des Heliums zu gasgesättigten Porenräumen erkennen lassen.

4. Die Heliumspannung in Gesteinen bei sonst gleichen Bedingungen ist höher, je älter die Gesteine sind. Die Werte liegen zwischen:

	Süßwasser	NaCl-gesättigtes Wasser
Kambrium	0,40 —0,50 at	1,20 —1,50 at
Pliozän	0,002—0,017 at	0,006—0,05 at

Die maximale Heliumspannung wurde in den bekannten Gaslagerstätten der USA festgestellt:

Amarillo mit 0,90 at
Harley mit 0,93 at

[Eine einmalige, noch unergründete Erscheinung ist die Heliumspannung der Lagerstätte Redglenec (USA) mit 15 at.]

Oxydationserscheinungen und bakterielle Vorgänge in der Lagerstätte können bedeutenden Einfluß auf die Heliumspannung gewinnen.

5. Der Prozentgehalt von Helium in Gaslagerstätten hängt von zwei Faktoren ab:

a) von der Spannung des Heliums,
b) vom Gasschichtdruck des Lagers.

Die Abhängigkeit beider Faktoren wird durch folgende Gleichung ausgedrückt:

$$He = \frac{100 \cdot P_{He}}{P}$$

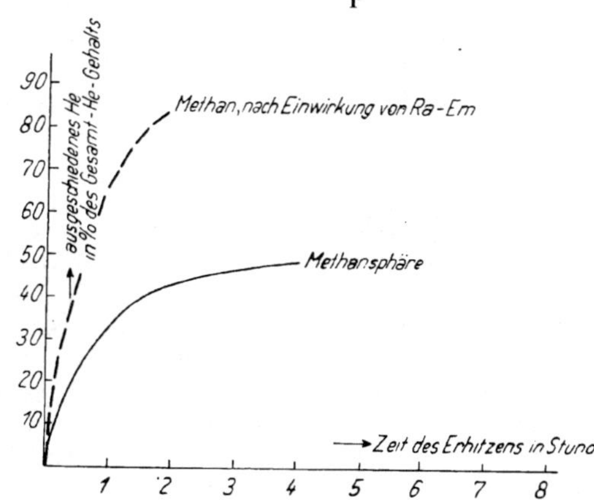

Abb. 3. Ausscheiden von Helium aus Uranit bei Erhitzen auf 600 °C in gewöhnlicher Methansphäre und Methan, auf das Ra-Em einwirkte (nach CHLOPIN aus MAYER-GÜRR)

(He = Heliumgehalt in %; P_{He} = Heliumspannung im Gas, ausgedrückt in at; P = Schichtdruck des Gases in atü.)

6. Der Prozentgehalt von Helium im Gas, das im Erdöl gelöst ist, hängt ab von drei Faktoren:

a) von der Heliumspannung im Erdöl;
b) von den im Erdöl angereicherten Kohlenwasserstoffen und Gasen;
c) von der Entlösung des Gases aus dem Erdöl.

Bei vollkommener Entgasung gilt folgende Gleichung:

$$He = \frac{100 \cdot v_{He}}{v} = \frac{100 \cdot \alpha_{He} \cdot P_{He}}{v}$$

(v = gesamte Gasmenge in m³ aus 1 m³ Erdöl; α_{He} = Löslichkeitskoeffizient von He im Erdöl; v_{He} = anfängliche Heliummenge, die in 1 m³ Erdöl enthalten ist, ausgedrückt in m³.)

Die in diesen Punkten niedergelegten Kenntnisse erlauben es, spezielle Sucharbeiten auf Helium anzusetzen und den Umfang von Bemusterungsarbeiten für heliumführende Lagerstätten verschiedenen Typs und unterschiedlichen Alters abzustecken.

Zusammenfassung

Von Helium als Rohstoff wird eine Zusammenstellung der wichtigsten Kenntnisse über seine Entstehung, die Arten seines Vorkommens, die Methoden seiner Darstellung, die Lagerstättenbildung und die Bewertung von Such- und Erkundungsarbeiten gegeben. Die wichtigsten Faktoren für das Abstecken der Bemusterungsarbeiten bei Heliumlagerstätten in Gesteinen verschiedenen Alters werden in Anlehnung an sowjetische Instruktionen aufgezählt.

Резюме

Дается сводка важнейших знаний о происхождении, образовании месторождений и оценке поисковоразведочных работ в отношении гелия как сырья. Примыкая к советским инструкциям, перечисляются важнейшие факторы для проведения опробовочных работ на месторождениях гелия в породах различного возраста.

Summary

A summary account of the most important knowledge of the uses of helium as a raw material includes its origin, types of occurrence, methods of preparation, formation of deposits and evaluation of prospecting and reconnaissance works. Essential factors affecting the sampling layout of helium deposits in rocks of different ages are specified in accordance with Soviet instructions.

Literatur

ALBRECHT, H.: Das Erdölvorkommen von Volkenroda. – Kali, **26**, H. 3, 4 (1932).
ALEKPEROW, R. A. & G. CH. EFENDIEW: Urangehalte von Erdölen. – Geochimija (1959).
BADEN, M. W.: Helium production is centered in USA. – Oil Weekly, **116**, Nr. 6, 34–38 (1945).
BEWILOGUA, L.: Unveröffentlichter Artikel und briefliche Mitteilungen (1960/61).
BOWIE, S. H. U.: Helium in Natural Gas in the Witwatersrand. – Nature, **182**, Nr. 4642, 1082–1083, London 1958.
CHLOPIN, V.: Zur Geochemie des Heliums. – Compt. Rendus Akad. Sci. USSR, **3**, 373 (1934).
FAUL, H. u. a.: Radon and helium in natural Gas. – Compt. Rendus de la dix-neuvième session. Alger 1952, Section IX, S. 339, Alger 1954.
GMELINS Handbuch der anorganischen Chemie, „Edelgase", 8. Auflage. – Leipzig 1926.
GROTENSOHN, A.: Die Erdgase Deutschlands, ihr Vorkommen und ihre Zusammensetzung. – Petroleum, **30**, Nr. 5, 1–8, Nr. 9, 1–10 (1934).
HAUSEN: Handbuch der Kältetechnik VIII. – Springerverlag, Göttingen – Heidelberg 1957.
HEINDL, L. A.: Occurence of helium in northeastern Arizona. – Geol. Soc. Am. Bull., **63**, Nr. 12, 1331 (1952).
KAUENHOWEN, W.: Geologie und Technik der nordamerikanischen Heliumvorkommen. – Petroleum, **20** (1924).
– Heliumgewinnung in den Vereinigten Staaten und ihre Aussichten in Deutschland. – Kali (1932).
KENNEDY, H. S. & R. A. CATTELL: Helium. – Mineral Yearbook 1948, S. 624.
KENNEDY, H. S. & P. V. MULLINS: Helium. – Mineral Yearbook 1951, S. 665.
KIRSCH, G.: Geologie und Radioaktivität. – Verl. Springer, Berlin – Wien 1928.
KREJCI-GRAF, K.: Radium und Helium in Erdöllagerstätten. – Petroleum, **28**, H. 24, 12–14 (1932) u. a.
MAYER-GÜRR, A.: Erdgase, Stickstoff und „fossiles Helium". – Öl und Kohle, **14**, 787–790, Berlin 1938.
– Erdgase, Stickstoff u. Heliumlagerstätten. – Umschau, H. 39, 885 (1938).
MOUREU, CH. & A. LEPAPE: Hélium de grisous et radioactivité des houilles. – Compt. Rendus Acad. Sci., **158**, Paris 1914.
– Sur quelques mélanges gazeux naturels particulièrement riches en Hélium. Gisement d'Hélium. – Compt. Rendus Acad. Sci., **155**, Paris 1912.
PANETH, F., K. PETERS & H. GEHLEN: Über den Heliumgehalt von Erdgasen. – Z. angew. u. allgem. Chemie, **175** (1928).
ROGERS, G. SH.: Helium-Bearing Natural Gas. – Us. Geol. Survey, Prof. paper, **121**, Washington 1921 u. a.
– Heliumhaltiges Naturgas. – Chem. Abstr., **15**, Nr. 14, Prof. paper, **121**, 110 (1921).
SALOMON-CALVI, W.: Radiumreiche Erdölsonden und das Problem der Herkunft ihres Radiums. – Abh. Heidelberger Akad. Wiss., math.-nat. Kl. (1931).
SAWTSCHENKO, W. P.: Kurze Angaben über wirtschaftliche Heliumlagerstätten und über deren Bildungsbedingungen. – Instruktion zur Vorratsberechnung des Heliums in Gas-, Gas-Erdöl- u. Erdöllagerstätten als auch zur Ausfüllung des Formblattes Nr. 9 – g (g). – Gosgeoltechisdat, 9–16, Moskau 1957.
STOCKFISCH, K.: Über das Helium und sein Vorkommen. – Sitz.-Ber. preuß. geol. Landesanst., Berlin 1928.
STUTZER, O.: Erdöl. – Berlin 1931.
THIARD-LAFOREST: Urangehalt in Erdölsondenwässern. – Erdölzeitschrift, **76**, 432–435, Wien 1960.
TOTH, M. & C. MEYER: Bestimmung des Helium- u. Wasserstoffgehaltes der Erdgase mittels Elutions-Chromatographie. – Erdölzeitschrift, **76**, 37–42, Wien 1960.
ULLMANNS: Encyklopädie der technischen Chemie, Bd. **6**, Verl. Urban u. Schwarzenberg, München – Berlin 1955.
WAGER, R.: Begleitgase des Heliums. – Kali, **26**, 240–244 (1932).
– Zur Frage der Erschließung von Helium in Deutschland. – Kali, **26**, 187 (1932).
YAMADA, N.: On the contents of Helium and Other Constituents in Japanese Natural Gas. – Rep. Aeronaut. Research Inst. Tokyo Imp. Univ. 1923.
ZARTMAN, R. E. & G. J. WASSERBURG: Helium, Argon and Carbon in some Natural Gases. – Journal of Geophysical Research, **66**, Nr. 1, 277–306 (1961).

Probleme der Bohrlochmessung und Perforation in tiefen und engen Bohrlöchern[1)]

KLAUS LEHNERT, Gommern

Seit der um 1951 relativ plötzlich erfolgten Einführung einer ganzen Anzahl prinzipiell neuer Bohrlochmeßverfahren (kontinuierliche Geschwindigkeitsmessung, fokussierte Widerstandsmessung, Gamma-Gamma-Log) hat die Bohrlochmessung vorübergehend einen gewissen Abschluß erreicht. Zwar befinden sich auch weiterhin neue Methoden im Versuchsstadium. Entwicklungsschwerpunkte lagen jedoch in den letzten zehn Jahren in der Erweiterung der Anwendungsbereiche an sich bekannter Verfahren. Hierher gehören z. B. die Gamma- und Neutron-Gamma-Spektroskopie mit dem Chlorlog (DEWAN u. a. 1961, ODINOKOW u. a. 1959, RABSON 1959) als gegenwärtig verbreitetster Anwendung des Gedankens selektiver Messung bestimmter Energiebereiche radioaktiver Strahlung, die Abwandlung der kontinuierlichen Geschwindigkeitsmessung zum Zementlog (vgl. MEINHOLD 1962), Anwendung des Gamma-Gamma-Prinzips zur Untersuchung der Ringraumzementation, der Flüssigkeitsverteilung im Bohrloch sowie anderer technischer Fragen u. a.

Erhebliche Schwierigkeiten stellten sich den herkömmlichen Bohrlochmeßverfahren und der Perforationstechnik durch das Aufkommen neuartiger Bohrloch-

1) Eingang des Manuskripts in der Redaktion: 21. 3. 1962

konstruktionen entgegen. Man ist dabei vor allem bestrebt, 1. kleine Meißeldurchmesser zu verwenden (slim hole drilling), was zu entsprechend noch engeren Verrohrungen und Steigrohren führt, 2. mehrere Steigrohrstränge zur getrennten Erdölförderung aus verschiedenen Horizonten in ein Bohrloch einzubringen (multiple completion), dabei können 4, 5 und sogar 6 Steigrohrstränge u. U. ohne eigentliche Verrohrung nebeneinander einzementiert sein, 3. immer tiefere Bohrlöcher niederzubringen: Tiefbohrungen von 5000 m Teufe gehören weder in der Sowjetunion noch in den USA zu den Seltenheiten, ähnlich tiefe Bohrlöcher sind auch in der DDR geplant. Das sogen. Mohole-Projekt sieht noch größere Bohrteufen vor (MEINHOLD 1960). Zu diesen Schwierigkeiten kommt noch gelegentlich 4. die Verwendung extrem schwerer Spülungen mit einer Wichte von 1,9 g/cm³ und darüber. Ähnliche Spülungen werden z. B. im Norden der DDR bei der Erdöl- und Erdgaserkundung eingesetzt. — Aus diesen bohrtechnischen Gegebenheiten resultieren die im folgenden beschriebenen Aufgaben für Bohrlochmessung und Perforation.

1. Konstruktion von Bohrlochmeßsonden, die bei kleinstem Außendurchmesser größte Drücke und Temperaturen aushalten. Diese Aufgabe dürfte zumindest für kernphysikalische Meßverfahren nur teilweise gelöst sein. Es gelingt zwar, druckfeste Gamma- bzw. Neutronensonden mit Außendurchmessern von 35 mm zu bauen, die auch mit dem Hohlladungsperforator zusammen eingesetzt werden können, also entsprechend stoßfest ausgeführt sein müssen. Die als Strahlendetektoren gegenüber den unempfindlichen und zu langen Zählrohren bevorzugten Szintillationszähler erfordern jedoch dauernde Kühlung, weil ihre Charakteristik stark temperaturabhängig ist. Sie müßten also in Dewargefäßen und diese wiederum, evtl. mit einer Kühlmaschine, im Sondengehäuse von ca. 20 mm Innendurchmesser untergebracht werden. Bis jetzt ist kein Gerät bekannt geworden, das all diesen Anforderungen genügt. Kernphysikalische Messungen sind also in sehr tiefen Bohrlöchern höchstens vor dem Einbringen von Steigrohren möglich. In der DDR sind gegenwärtig nur ungekühlte, mit Zählrohren, z. T. auch mit Szintillationszählern bestückte Sonden verfügbar, die reproduzierbare Messungen bis zur Maximalteufe von ca. 3000 m zulassen. An verbesserten Geräten wird jedoch gearbeitet. Ihre Entwicklung stellt gegenwärtig eine der wichtigsten Aufgaben für die Bohrlochmessung in Erdöl- und Erdgasbohrungen der DDR dar.

2. Gerichtete Perforation bei mehreren, in einer Bohrung einzementierten Rohrsträngen. Um das unbeabsichtigte Durchlöchern benachbarter, zu tieferen Horizonten führender Stränge auszuschließen, wurden in den USA z. B. nach dem Prinzip der Gamma-Gamma-Sonde arbeitende Einrichtungen konstruiert, mit deren Hilfe der Perforator die richtige Schußrichtung „sucht" (LEBOURG u. a. 1960). Die Teufenkontrolle kann in solchen Bohrungen sowohl mittels des bekannten Muffenzählers (casing collar locator) wie auch durch radioaktive Ringe, die in die Rohrverschraubungen eingelegt sind, geschehen (SCOTT 1962).

3. Sichere Perforation. Die herkömmlichen Hohlladungsperforatoren können in sehr tiefen und engen Bohrlöchern nicht ohne weiteres eingesetzt werden. Vielmehr sind temperaturresistente Sprengstoffe und Zünder erforderlich, um vorzeitige Explosionen oder Fehlzündungen auszuschließen. Weiterhin ist bei kleinsten Rohrdurchmessern eine völlig rückstandfreie Perforation notwendig, da ein Festklemmen des Perforators außerordentlich kostspielige Aufwältigungsarbeiten, u. U. sogar die Aufgabe des Bohrloches zur Folge haben könnte. Schließlich muß trotz der räumlichen Beschränkung in mehrfach ausgerüsteten Bohrlöchern die Durchschlagskraft der Perforation sogar größer als in normalen, großkalibrigen Bohrlöchern sein, da der Zementmantel eine erhebliche Stärke haben kann. Diese schwerwiegenden Forderungen scheinen im wesentlichen erfüllt zu sein (BELL u. a. 1961, DE FRANK 1960).

4. Kabelbewegungen in schweren Spülungen. Bohrlochmeßkabel und Sonde müssen eine mittlere Dichte haben, die über der größten Spülungsdichte liegt, damit sie überhaupt entgegen ihrem Auftrieb in das Bohrloch eingefahren werden können. Für solche Zwecke kommen nur Stahlpanzerkabel in Frage (mittl. Dichte 4,5 bis 5 g/cm³). Die einfacher zu handhabenden neoprenumhüllten Kabel sind wegen ihrer geringen mittleren Dichte von ca. 1,85 g/cm³ auf Bohrlöcher mit leichten und nicht allzu viskosen Spülungen beschränkt. In schweren Spülungen „schwimmen" solche Kabel buchstäblich. Zu beachten ist, daß die für SP- und konventionelle Widerstandsmessungen benutzten Sonden in schweren Spülungen ein sehr schweres Belastungsgewicht benötigen, da sie zwangsläufig aus leichten Kabeln konstruiert werden müssen und daher wiederum zum Schwimmen neigen.

5. Kabelbewegung in übertiefen Bohrlöchern. Die Vermessung übertiefer Bohrlöcher kann überall dort erhebliche Schwierigkeiten bereiten, wo sie nicht die Regel darstellt. Um Induktionsstörungen usw. niedrig zu halten, ist man sonst bestrebt, die Meßfahrzeuge mit möglichst kurzen Kabeln auszurüsten, so daß bei der Vermessung ungewöhnlich großer Teufen eigens zu diesem Zweck mehrere Kabellängen verbunden werden müssen. Kabelverbindungen stellen jedoch immer Gefahrenquellen in elektrischer wie in mechanischer Hinsicht dar. Sie laufen auch nicht ohne weiteres über die Führungsrollen. Während nun die erforderlichen Zugkräfte z. B. bei einem 5000 m langen, 3,5 t wiegenden Kabel selbst im Moment des Anhebens in Grenzen bleiben (vorausgesetzt, daß die Beschleunigung mäßig ist und das Kabel nicht an der Bohrlochwand „klebt"), kommt bei solchen Operationen als neue Erschwernis die u. U. beträchtliche Ausdehnung des Kabels hinzu. Diese kann normalerweise vernachlässigt werden, wenn das Kabel bei der Ausfahrt aus einer nicht zu tiefen Bohrung, also unter gewöhnlichen Meßbedingungen, eingemessen wurde. Bei der Verbindung mehrerer, in flachen Bohrlöchern eingemessener Kabelstücke gelangt das nunmehr untere Kabelstück in viel wärmere Bereiche, während das obere Kabelstück unter viel stärkerem Zug als sonst steht. In gleicher Richtung verfälscht die im Moment des Anhebens entstehende zusätzliche, noch dazu ungleichmäßig über die Kabellänge verteilte, elastische Dehnung die Teufenangaben. Eine Überschlagsrechnung zeigt, daß durch das Zusammenwirken dieser Effekte Teufenfehler von etwa 10 m (!) entstehen, was die Bohrlochmessung natürlich weitgehend entwerten würde (vgl. DACHNOW 1959, S. 237—243). Bohrlochmessungen unter solchen Bedingungen bedürfen also, wenn nicht ein unter Meßbedingungen eingemessenes Kabel benutzt wird, unbedingt einer rechnerisch zu ermittelnden Teufen-

korrektur. Das gleiche gilt sinngemäß für Kernschießen und Perforation. Bei solchen Arbeiten geschieht allerdings gewöhnlich eine zusätzliche Teufenorientierung durch Vergleichsmessungen (SP- oder Gamma-Kurve, Muffenzähler, radioaktive Markierung).

Die angedeuteten Fragen verdienen es, bei der Projektierung sehr tiefer Bohrlöcher und deren Ausrüstung beachtet zu werden, da sonst mit fehlerhafter oder unvollständiger Bearbeitung durch Bohrlochmessung, Kernschießen und Perforation gerechnet werden muß.

Literatur

BELL, W. T. & G. A. AUBERLINDER: Perforating high-temperature-wells. — J. Petr. Techn., 13, H. 3, S. 211—216 (1961).
DACHNOW, W. N.: Promyslowaja geofisika. — Moskau 1959.
DEWAN, J. T., O. L. STONE & R. L. MORRIS: Chlorine Logging in cased holes. — J. Petr. Techn., 13, H. 6, S. 531—537 (1961).
FRANK, P. DE: New perforators ease slim hole problems. — World Oil, 151, H. 5, S. 157—159 (1960).
LEBOURG, M. P. & W. T. BELL: Perforating of multiple tubingless completions. — Trans. AIME T. P. 8111 in J. Petr. Techn., 12, H. 5, S. 88 bis 93 (1960).
MEINHOLD, R.: Das Mohole-Projekt. — Z. angew. Geol., 6, H. 4, S. 182, Berlin 1960.
— Das „Zementlog". — Z. angew. Geol., 8, H. 2, S. 84—86, Berlin 1962.
ODINOKOW, W. P., S. A. DENISIK & J. S. SCHIMELEWITSCH: Bestimmung des Öl-Wasser-Kontaktes aus Neutron-Gamma- und Neutron-Neutron-Meßwerten. — Jadernaja geofisika, S. 154—169, Moskau 1959.
RABSON, W. R.: Chlorine detection by the Spectral log. — Petr. Eng., 31, H. 3, S. B-102 bis B-111 (1959).
SCOTT, R. W.: Small diameter completions. Part 6. — World Oil, 154, H. 1, S. 60—64 (1962); Part 7, H. 2, S. 53—59.
TSCHELOKJAN, R. S.: Entwicklung eines einkanaligen Bohrlochgerätes ... usw. (russ.). — Jadernaja geofisika, S. 117—123, Moskau 1960.
YOUMANS, A. & R. MONAGHAN: Stabilitätsforderungen für Szintillationszähler bei kernphysikalischen Bohrlochmessungen (russ.). — Promyslowaja geofisika, Nr. 2, S. 71—77 (1960). Original in Trans. AIME, 210, S. 231—234 (1957).

Zur Verwendung geophysikalischer Bohrlochmessungen bei der Zyklenanalyse[1]

A. A. SAFONZEW, UdSSR

Unter einem vollen Zyklus versteht man gewöhnlich eine bestimmte Abfolge von Schichten, die die transgressiven und regressiven Ablagerungen eines einheitlichen Beckens umfaßt. Bei einer Wiederholung ähnlicher (jedoch nicht identischer) Schichtenfolgen, die einen Zyklus oder einen Teil eines solchen darstellen, spricht man von einer Zyklizität des Profils. Die Zyklen, deren Größe durch die Dauer und die Mächtigkeit der Ablagerungen gemessen wird, können von verschiedener Größenordnung sein (Abb. 1). Ein voll ausgebildeter Zyklus beginnt und endet mit Erosionssedimenten; er hält über ein Areal aus, in dem eine gesetzmäßige Änderung der Fazies der Ablagerungen beobachtet wird.

Die Zyklenanalyse trägt bei geologischen Untersuchungen wesentlich dazu bei, Richtung und Dauer des Sedimentationsprozesses festzustellen, was für eine objektive Gliederung des Profils außerordentlich wichtig ist.

Bei der Zyklenanalyse werden die Gesteine offensichtlich in Zusammenhang mit den Besonderheiten der gesteinsbildenden Prozesse untersucht. Daher kann man die Angaben über die Zyklizität der Sedimentation nicht nur als Hilfsmittel zur Gliederung des Profils, sondern auch als Bindeglied zwischen den wichtigsten Gliedern der Geologie: Lithologie, Stratigraphie und Tektonik, betrachten. Die Untersuchung der Zyklizität eines Profils ist auch von unmittelbarer Bedeutung für die Erkundung radioaktiver Erze, da bestimmte Erzanreicherungen an die Grenzen von Zyklen gebunden sind. Deshalb kommt der Klärung der Sedimentationszyklen im Profil heute nicht weniger Bedeutung zu als der Ausscheidung einzelner Schichten und Serien. Gleichzeitig dienen bei der Zyklenanalyse die Angaben der geophysikalischen Bohrlochmessung nicht nur zur Korrelation, sondern gegebenenfalls auch zur Feststellung des lithologischen Grundbestandes der Gesteine.

Wie von Verf. in einer früheren Arbeit (1957) bereits festgestellt wurde, können in bestimmten terrigenen Profilen die Kurven des Eigenpotentials (SP) und der natürlichen γ-Strahlung (Jγ) im Verein mit anderen Angaben unmittelbar dazu benutzt werden, um das Profil in Mittel- und Kleinzyklen (Meso- und Mikrozyklen) verschiedener Größenordnung zu gliedern (NALIWKIN 1956).

In idealisierten Schemata zeigt Abb. 2 das Verhalten der SP- und der Gamma-Kurve in zwei Profilen, die (von unten nach oben) aus terrigenen, karbonatischen und hydrochemischen Gesteinen (a) und nur terrigenen Gesteinen (b) bestehen. Aus Abb. 2a ist ersichtlich, daß SP und Jγ von unten nach oben bis zu Maximalwerten in Tonen ansteigen, um in den karbonatischen und hydrochemischen Sedimenten wieder abzufallen. Die dargestellte Gesteinsfolge, die — beginnend mit den Bedingungen eines normalen marinen, dann aber denjenigen eines isolierten und eintrocknenden Beckens — einem vollen Sedimentationszyklus entspricht, läßt sich jedoch in den SP- und Gamma-Kurven nicht immer erkennen, da karbonatische und sandige Gesteine in diesen Kurven oft die gleichen Indikationen zeigen. Daher ist es zur Zeit am zweckmäßigsten, die SP- und die Gamma-Kurve zur Zyklenuntersuchung nur in rein terrigenen Profilen anzuwenden.

In Abb. 1 sind SP- und Gamma-Kurven dargestellt, die einen vollen Sedimentationszyklus der terrigenen Gesteine im Kuma-Gebiet (Lagerstätte Osek-Suat) widerspiegeln. Die unsymmetrische Welle der SP- und der Gamma-Kurve entspricht einer unteren Transgressions- und einer oberen Regressionsserie. Sie wird durch eine schroffe Änderung von SP und Jγ begrenzt, die eine Änderung in der lithologischen Zusammensetzung der Gesteine widerspiegelt.

Der großen Welle der SP- und der Gamma-Kurve, die einem mittleren Sedimentationszyklus entspricht, ist eine Reihe kleinerer Wellen und Halbwellen (Mikrozyklen) überlagert, deren kleinste Einheiten die einzelnen Schichten darstellen.

Auf der Grundlage der Ergebnisse, die bei der Gliederung der mesozoischen Ablagerungen des Kuma-Gebietes (SAFONZEW 1957/1) erhalten worden sind, können einige allgemeine Empfehlungen für die Verwendung der Bohrlochmessungen zur Aufklärung der Sedimentationszyklen nach dem granulometrischen Bestande bei terrigenen Gesteinen gegeben werden.

Erfahrungsgemäß wird das Verhalten der SP- und der Gamma-Kurve in vielen terrigenen Profilen in der

[1] Aus: Arbeiten des Moskauer Instituts der Erdöl- und Erdgasindustrie, 1, S. 100—105 (1960). — Übers.: K. ROTHE

Hauptsache durch Änderungen des Gehaltes der feinkörnigen Fraktion in den Gesteinen bestimmt. Da die SP- und die Gamma-Kurve aber auch durch andere Ursachen beeinflußt werden (z. B. die allmähliche Änderung des Verhältnisses der Schichtmächtigkeiten zum Bohrlochdurchmesser, bei der SP-Kurve auch durch die Änderung der Temperatur und des Verhältnisses der Salzgehalte von Schichtwasser und Spülung mit zunehmender Teufe), erfordert die Verwendung dieser Kurven zur Untersuchung der Sedimentationszyklen natürlich einen in einigen Bohrungen durchzuführenden vorherigen Vergleich der Kurven untereinander sowie der Meßkurven mit den Korngrößenanalysen der Gesteine. Wenn die SP- und die Gamma-Kurve einander gut entsprechen (d. h., wenn die relativen Abweichungen weniger als 30% betragen), so deutet dies auf eine relative Konstanz im c_w/c_m-Verhältnis; dies wiederum erhöht die Wahrscheinlichkeit, daß auch die SP-Kurve dem Gehalt der feinkörnigen Fraktion im Gestein entspricht, da Jγ von Änderungen des Salzgehaltes der Spülung und des Schichtwassers unabhängig ist. Inwieweit die SP- und die Gamma-Kurve mit der Verteilungskurve der feinkörnigen Fraktion Übereinstimmung zeigen, kann man durch deren Vergleich in einigen Bohrungen, die gleichmäßig über das Untersuchungsgebiet verteilt und genügend durch Analysen gesichert sind, beurteilen. Stehen derartige Bohrungen nicht zur Verfügung, so

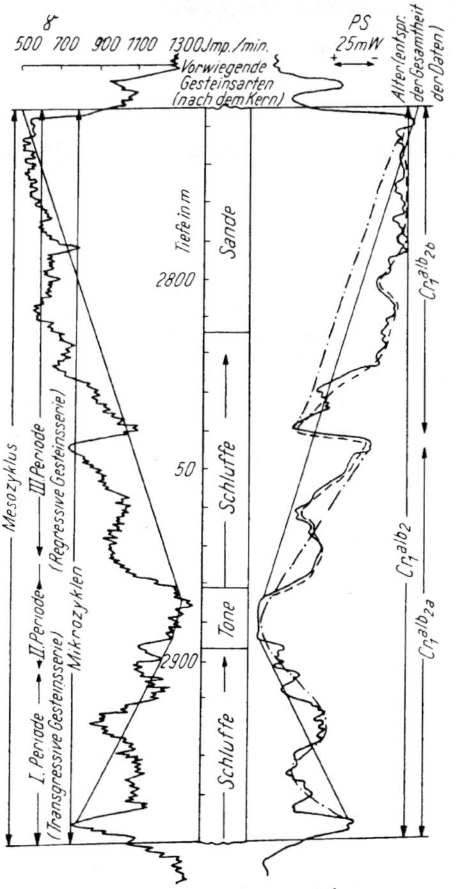

Abb. 1. Schema der Sedimentationszyklen (terrigene Gesteine)

1 — allgemeine Tendenz der Änderung der Kurven, 2 — Korngröße der Gesteine, 3 — Mikrozyklen des ersten Abschnitts, 4 — Mikrozyklen des zweiten Abschnitts

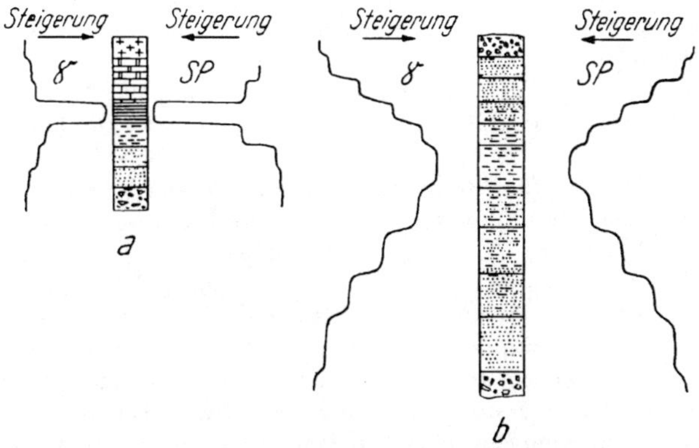

Abb. 2. Schemata der Sedimentationszyklen

a) terrigene, karbonatische und hydrochemische Sedimente; b) terrigene Gesteine

führt man den Vergleich entweder mit den Bohrlochprofilen, wobei man in einer Reihe von Profilspalten sämtliche Ergebnisse einträgt, die man aus der Analyse von Widerstandsmessungen, SP- und Gamma-Messungen erhalten hat, oder aber mit abgeleiteten Kurven der Abhängigkeit der relativen SP- und Jγ-Amplituden von der fraktionellen Zusammensetzung (SAFONZEW & JUDIN 1956)

$$\Delta SP' = f(\%\ Pl, Al, Ps)$$

durch, wobei Pl der Ton-(Pelit-)gehalt, Al der Schluffgehalt und Ps der Sand-(Psammit-)gehalt sind. Um den engen Zusammenhang zwischen SP und Jγ mit der Korngröße der Gesteine beurteilen zu können, ist es wünschenswert, einen generellen Index für die Korngrößenverteilung der Gesteine — die spezifische Oberfläche S — mit $\Delta SP'$ zu vergleichen [$S = f(\Delta SP')$]. Für die kretazischen Ablagerungen des Kuma-Gebietes läßt sich S beispielsweise ausdrücken durch die Formel

$$S = \frac{6k(1-m)}{100} \sum \frac{g_i}{d_i}$$

Dabei sind: g_i das Gewicht der i-ten Fraktion in % ($\Sigma g_i = 100$), d_i der mittlere Teilchendurchmesser der i-ten Fraktion, der sich nach $\frac{1}{d_i} = \frac{1}{2}\left(\frac{1}{d_i'} + \frac{1}{d_i''}\right)$ ergibt, d' und d_i'' die nächsten Standardgrößen des Siebes, k ein empirischer Koeffizient, der die Vergrößerung der spezifischen Oberfläche infolge der von der Kugelform abweichenden Gestalt der Gesteinskörner berücksichtigt (= 1,2 ... 1,4), m die Porosität, die am Kern oder durch BKS-Messungen bestimmt worden ist.

Bei einer genügenden Anzahl von Bestimmungen kann die Straffheit und die Dispersion des Zusammenhanges durch die Größe des Korrelationskoeffizienten und der Regression beurteilt werden. Wenn in einem bestimmten Intervall keine genügend deutliche Abhängigkeit zwischen $\Delta SP'$ und der Korngrößenverteilung der terrigenen Ablagerungen besteht, erhebt sich die Frage, wie man die Zyklizität besser klärt: durch Anbringen von Korrekturen an der SP- und Gamma-Kurve oder durch die Bestimmung der granulometrischen Zusammensetzung der Gesteine aus dem Komplex der Bohrlochmessungen und dem Kernbefund. Offensichtlich kann man beide Wege einschlagen. Das Anbringen von Korrekturen wird dann zweckmäßig sein, wenn man die Ursachen für die Abweichungen der SP- und der Gamma-Kurve gegenüber der Kurve für den Gehalt der feinkörnigen Fraktion ermitteln kann. Anderenfalls wird es zweckmäßig sein, zunächst die wesentliche granulometrische Zusammensetzung aus dem Komplex geologisch-geophysikalischer Unterlagen (DACHNOW 1955) und anschließend die Sedimentationszyklen zu bestimmen.

In Profilen, für die ein enger Zusammenhang zwischen den obengenannten Parametern besteht, zeigen die Ausschläge der SP- und der Gamma-Kurve (Teufenachse als Bezugslinie) die allgemeine Tendenz der Korngröße der Gesteine und lassen danach die Transgressions- und Regressionsphasen erkennen. Zur weiteren Klärung und Präzisierung der Grenzen der Zyklen müssen mindestens Angaben über die Fauna, den lithologischen Bestand (nach petrographischen Untersuchungen und auf Grund der individuellen Kernaufnahme) herangezogen und eine Analyse der Mächtigkeiten vorgenommen werden. Insbesondere ist für die Klärung von Meinungsverschiedenheiten, die für Festlegung der Grenzen der Zyklen wichtig sind, eine detaillierte Gegenüberstellung der Profile Schicht für Schicht in einem Längsprofil von wesentlicher Bedeutung (SAFONZEW 1957/2). Im Ergebnis der komplexen Analyse des (möglichst vollständigen) paläontologischen, stratigraphischen, lithologischen und physikalischen Materials ist es möglich, lithologisch-stratigraphische Schemata als Grundlage für die weitere Untersuchung der Bildungsgeschichte, der Tektonik, der Speichereigenschaften und der Erdöl- und Erdgassättigung der Ablagerungen zu schaffen.

Die Notwendigkeit, geophysikalische Bohrlochmessungen zu diesem Zweck heranzuziehen, wird in Zusammenhang mit dem wachsenden Umfang der Bohrarbeiten und der notwendigen Erkundung von Erdöl- und Erdgaslagerstätten, die nicht nur an Antiklinalstrukturen gebunden sind, in Zukunft ebenso stark zunehmen wie die Bedeutung der detaillierten lithologisch-stratigraphischen Schemata im allgemeinen Komplex der geologisch-geophysikalischen Arbeiten.

Literatur

DACHNOW, W. N.: Interpretation der Ergebnisse geophysikalischer Bohrlochmessungen. – Gostoptechisdat, Moskau 1955 (russ.).

NALIWKIN, D. W.: Faziesstudien. I. Teil. – Isd. AN SSSR, 1956 (russ.).

ROMANOWSKI, W. I.: Anwendung der mathematischen Statistik bei experimentellen Arbeiten. – Gostoptechisdat, 1947 (russ.).

SAFONZEW, A. A.: Anwendung geophysikalischer Bohrlochmessungen zur Klärung der Sedimentationszyklen am Beispiel der Lagerstätte Osek-Suat. – Raswed. i promysl. geof., Nr. 19, 1957 (russ.).

– Ein Versuch der lithologisch-stratigraphischen Gliederung der mesozoischen Ablagerungen der Lagerstätte Osek-Suat. – Geologija nefti, Nr. 12, 1957 (russ.).

SAFONZEW, A. A. & G. T. JUDIN: Über den Zusammenhang zwischen der relativen SP-Amplitude und dem granulometrischen Bestand der terrigenen paläozoischen und mesozoischen Ablagerungen einer Reihe von Lagerstätten bei Stawropol. – Priklad. geof., Nr. 26, 1956 (russ.).

Zusammenhang zwischen Senkungserscheinungen und Grundwasserchemismus in Bad Frankenhausen[1)]

GÜNTER HERZOG, Berlin

(Mitteilung aus dem Zentralen Geologischen Institut der Staatlichen Geologischen Kommission, Berlin)

Bad Frankenhausen liegt am Südrand des Kyffhäusergebirges im Bereich der sogenannten Kyffhäusersüdrandstörung, an der die paläozoischen Schichten des Kyffhäusers gegen das Mesozoikum verworfen wurden. Die Stadt liegt in einem der bekanntesten aktiven Auslaugungs- und Senkungsgebiete. Die Senkungserscheinungen machen sich besonders im Bereich der Störungslinie durch zahlreiche Erdfälle bemerkbar. Für die nachfolgenden Betrachtungen ist die Verwerfung insofern von großer Bedeutung, als hier die auf dem Südhang des Kyffhäusers versickernden Oberflächenwässer angestaut werden, die salinaren Zechsteinschichten durchfließen und unter Druck aufsteigen. Dabei kommt das nunmehr salzhaltige Wasser mit dem anstehenden Gips in innigen Kontakt, wobei dieser nach und nach aufgelöst wird.

Wie bekannt ist, löst sich Kalziumsulfat sowohl als Anhydrit ($CaSO_4$) als auch als Halbhydrat ($CaSO_4 \cdot {}^1/_2 H_2O$) oder als Gips ($CaSO_4 \cdot 2\,H_2O$) in Natriumchloridlösungen in weit größerem Maße als in reinem Wasser. Grundlegende Untersuchungen darüber sind speziell von D'ANS (1952–1955) und POSNJAK (1940) schon vor Jahren durchgeführt worden. Während z. B. 1 l destilliertes Wasser nur 2,03 g Gips aufzulösen vermag, lösen sich in 1 l einer Natriumchloridlösung, die optimal 200 g NaCl/l destilliertes Wasser enthält, 8,23 g Gips, also etwa die vierfache Menge, wie aus Tab. 1 hervorgeht.

Tab. 1. Löslichkeit von Gips ($CaSO_4 \cdot 2H_2O$) in verschieden konzentrierten Lösungen von NaCl (Bodenkörper $CaSO_4 \cdot 2H_2O$) (aus D'ANS & LAX 1949)

g NaCl/l	reines Wasser 0,00	172	200	244	292,8	358,5
g $CaSO_4$/l Lösung	2,036	7,87	8,23	8,20	6,14	7,09

Erhöhte Lösungswirkungen für Kalziumsulfat zeigen aber auch schon Natriumchloridlösungen wesentlich geringerer Konzentration, so daß also an Punkten, wo eine natürlich entstandene Sole mit Gips in Berührung kommt, unbedingt mit größeren Auslaugungserscheinungen gerechnet werden muß als bei der Einwirkung von Süßwasser. Unter diesen Bedingungen können Höhlen von solch großem Ausmaß entstehen, daß es bei entsprechender Oberflächennähe zu deren Zusammenbruch und damit zu Erdfällen kommen kann.

Die bereits erwähnten geologischen Verhältnisse in Frankenhausen sind derartig, daß die Erdfälle und Senkungen in diesem Gebiet mit großer Wahrscheinlichkeit auf die erhöhte Lösungswirkung des natriumchloridhaltigen Wassers zurückgeführt werden können. Besonders deutlich ist der Zusammenhang auf dem Gelände der Badeanstalt zu erkennen. Hier entspringen zwei Solquellen (Elisabethquelle mit ca. 2,5% NaCl und Schüttschachtquelle mit ca. 11% NaCl) in einem trichterförmig abgesenkten Gelände, das von verschiedenen Autoren als sehr alter Erdfall gedeutet wird. Der in diesem Gebiet anstehende Gips wird von der stark salzhaltigen Sole durchflossen, wobei es zu den oben erläuterten Auslaugungen kommen kann. Beide Quellen enthalten neben dem Natriumchlorid auch große Mengen an Sulfat- und Kalziumionen (siehe Tab. 2).

Zwei weitere, wesentlich jüngere Erdfallgebiete befinden sich am östlichen und westlichen Stadtrand. Alle

1) Eingang des Manuskripts in der Redaktion: 8. 3. 1962

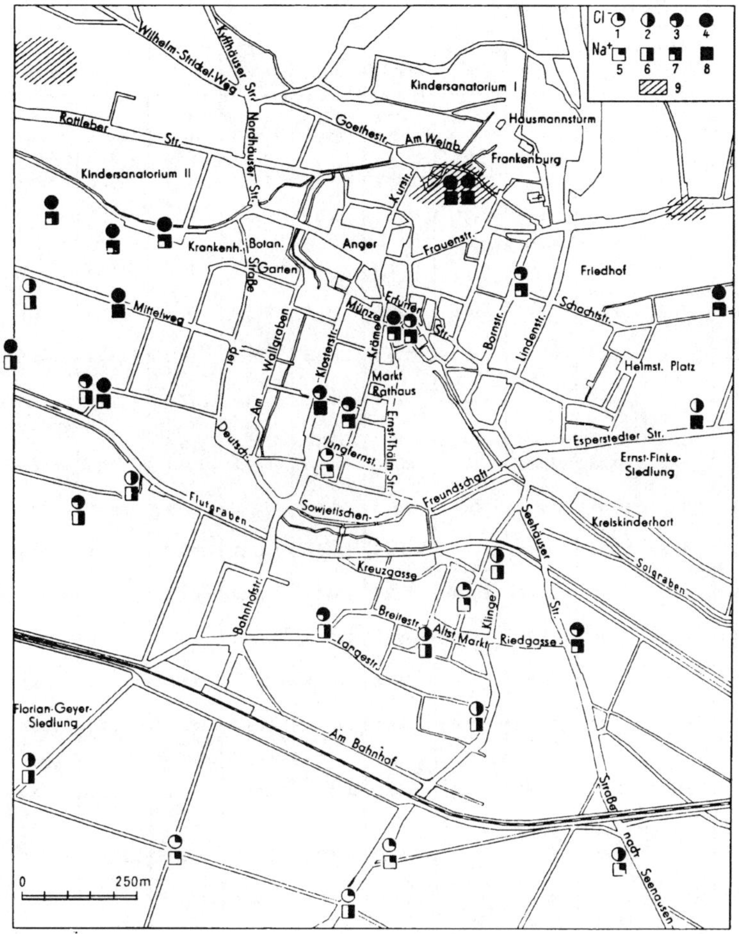

Die Konzentrationsverteilung der untersuchten Ionen

1 u. 5 — 0 bis 2,5 mgÄ; 2 u. 6 — 2,5 bis 7,5 mgÄ; 3 u. 7 — 7,5 bis 13 mgÄ; 4 u. 8 — über 13 mgÄ; 9 — Erdfallgebiete

drei Senkungszonen liegen im Bereich der von Ost nach West verlaufenden Störungslinie.

Da im Bereich der zuletzt genannten zwei Erdfallgebiete keine Solquellen bekannt sind, sollte untersucht werden, ob diese ebenfalls mit der erhöhten Lösungswirkung von Natriumchloridlösung in Zusammenhang gebracht werden können.

Ausgehend von der Möglichkeit, daß sich eine aufsteigende Sole mit dem Grundwasser vermischen kann, ohne dabei als Quelle zutage zu treten, wurden, über das gesamte Kartierungsgebiet verteilt, 32 Wasserproben entnommen und chemisch untersucht. Die Entnahme der Proben erfolgte aus Bohrungen, Brunnen und aus zutage getretenem Grundwasser. In der Tab. 2 sind die Untersuchungsergebnisse unter Berücksichtigung der Ionen zusammengestellt, die für die nachfolgenden Betrachtungen von Bedeutung sind.

Das Lockergestein des gesamten Untersuchungsgebietes weist einen mehr oder weniger großen Gehalt an Gips auf, wodurch eine vergleichende Betrachtung der Konzentrationsverhältnisse der Kalzium- und Sulfationen, demzufolge auch der Härte, praktisch nicht in Frage kommt. Durch die ständige Zufuhr von Sickerwasser bei Niederschlägen werden die Gipsgerölle des Lockergesteins langsam aufgelöst, und die Kalzium- und Sulfationen gelangen so in das Grundwasser. Da ein solcher Lösungsvorgang in dem großen Einzugsgebiet niemals völlig gleichmäßig verlaufen wird — bedingt durch die wechselnde Menge des versickernden Wassers, die Wasserdurchlässigkeit des überlagernden Lockergesteins, die Eigenart des Karstgebietes und verschiedene durch menschliche Tätigkeit geschaffene Faktoren —, lassen sich die großen Schwankungen im Gehalt an Kalzium- und Sulfationen erklären, wie sie bei den Analysen aufgetreten sind.

Dagegen erwiesen sich die Natrium- und Chlorionen für die nachfolgenden Untersuchungen als sehr geeignet.

Wenn wir voraussetzen, daß der teilweise recht hohe Gehalt an diesen Ionenarten auf die Auslaugung tiefer gelegener salinarer Schichten zurückzuführen ist, dann kann eine verfälschende Beeinflussung durch Sickerwasser, speziell für den Gehalt an Chlorionen, kaum eintreten. Die aufsteigende Sole wird durch das oberflächennahe Grundwasser höchstens verdünnt werden.

Die Natriumionen können allerdings noch dem Einfluß der Ionenadsorption an Ton bzw. Humus unterliegen sowie einer eventuellen Erhöhung ihres Gehaltes durch Verwitterung alkalihaltiger Mineralien aus dem Lockergestein (Feldspat, Glimmer usw.). Es muß also mit einer größeren Unregelmäßigkeit in der Konzentrationsverteilung bei den Natriumionen als bei den Chlorionen gerechnet werden.

Die durch die chemische Analyse ermittelten Ionenkonzentrationen an Chlor und Natrium in mg/l wurden für eine kartenmäßige Darstellung in Millival umgerechnet und auf der Grundlage der Chlorionen willkürlich in vier Gruppen eingeteilt. Jede Gruppe umfaßt einen gewissen Konzentrationsbereich. Die vier Bereiche wurden durch unterschiedliche Zeichengebung auf der Karte dargestellt, für die Chlorionen als Kreise, für die Natriumionen als Quadrate.

Der Gehalt an Chlorionen läßt im Norden des Kartenblattes die höchsten Konzentrationen erkennen (volle Kreise). In der Nähe des westlichen Erdfallgebietes werden diese durch die Dichte der Entnahmepunkte besonders deutlich.

Zwei weitere Gebiete hoher Chlorionenkonzentration bildet das mittlere Erdfallgebiet mit den beiden bekannten Solquellen und der am östlichen Stadtrand liegende dritte Erdfall. In südlicher Richtung, von diesen Gebieten ausgehend, erfolgt ein ständiger, jedoch besonders im Stadtzentrum etwas unregelmäßiger Rückgang der Chlorionenkonzentration. Die Unregelmäßigkeiten haben wahrscheinlich ihre Ursachen in der Beeinflussung durch häusliche u. a. Abwässer sowie durch verschiedene hydrologische Einflüsse (unterschiedliche Verdünnung der Sole durch das Grundwasser, Einfluß der beiden durch die Stadt fließenden Bäche usw.). Im südlichen Teil des Kartenblattes ist ein recht gleichmäßiger Übergang zu sehr niedrigen Konzentrationen zu erkennen.

Tab. 2. Ergebnisse der untersuchten Wasserproben von Bad Frankenhausen

Arb.-Nr.	Objekt	Entnahmeort	pH-Wert	Härten in °d.H. GH	KH	NKH	geb. CO_2 mg/l	Cl′ mg/l	SO_4'' mg/l	Ca^{++} mg/l	Mg^{++} mg/l	Na^+ mg/l	K^+ mg/l
265/1 W	Klärbassin AWG	Klärgrube	8,10	45,2	18,5	26,7	145,2	608,1	301,0	221,6	61,6	299,8	6,6
/2 W	Schüttschachtquelle	Quelle	7,00	471,0	13,7	457,3	107,8	64283,5	5893,0	1851,1	919,4	37842,0	1245,0
/3 W	Elisabethquelle	Quelle	6,95	179,5	11,8	167,7	92,4	9218,8	2556,0	1032,7	151,8	5565,0	232,4
/4 W	VEB Knopffabrik I Aug.-Zierfuß-Str.	Brunnen im Keller	7,35	108,0	19,9	88,1	156,2	363,4	1519,8	700,4	43,4	207,8	240,7
/5 W	VEB Knopffabrik II Jungfernsteg 24	Brunnen im Hof	7,50	21,6	4,2	17,4	33,0	51,4	277,6	147,2	4,3	21,5	18,3
/6 W	Upborn, südl. v. Bahnhof Ausgang Klinge	Brunnen	7,60	23,0	16,5	6,5	129,8	31,9	85,9	94,3	70,5	19,3	4,9
/7 W	Schrebergarten Picart Seehäuserstraße	Brunnen	6,95	62,4	14,0	48,4	110,0	120,6	741,0	301,6	87,6	46,0	6,6
/8 W	Bäckerei Hickel Altstädter Markt 12	Pumpe auf dem Hof	6,90	114,8	31,1	83,7	244,2	216,3	1562,5	686,1	80,2	145,4	136,6
/9 W	Knopffabrik H. Wenke Andreasstr. 8	Brunnen Hof	8,10	12,6	6,7	5,9	52,8	46,1	136,8	78,0	7,3	32,6	16,6
/10 W	Gaswerk, Langestr. 1–4	Brunnen, Hof	6,85	127,0	20,3	106,7	159,5	173,7	1383,5	771,9	82,4	50,5	29,9
/11 W	Kindersanatorium an der Wipper	Brunnen	6,80	99,2	20,58	78,62	161,7	890,0	581,5	537,5	104,1	188,4	58,9
/12 W	Bornstraße 29	Brunnen v. d. Haus	6,90	67,2	19,04	48,16	149,6	290,7	877,0	320,2	97,1	231,5	142,0
/13 W	Erfurter Str. 18 Uhrmacher Reinhard	Grundwasser im Keller	7,25	87,6	17,92	69,68	140,8	299,6	1152,2	561,7	39,0	218,1	76,4
/14 W	Enge Gasse 2 vor dem Haus	Brunnen	7,05	90,2	14,56	75,64	114,4	485,8	1096,7	538,9	64,2	235,9	102,9
/15 W	Klosterstr. 25 Holzapfel	Grundwasser im Keller	7,70	92,0	14,28	77,72	112,0	361,7	1292,8	594,6	38,2	519,3	278,9
/16 W	Jugendschwimmstadion hinter Weidengasse 17	Brunnen	7,30	48,8	23,52	25,28	184,8	244,7	391,8	254,4	57,3	140,5	11,6
/17 W	Andreasstr. Schrebergart.	Pumpe Brunnen etwa 1,0 m unt. Gelände	7,00	103,0	26,60	76,40	209,0	257,1	1494,1	603,2	80,7	170,6	192,6
/18 W	Klinge 26	Pumpe Brunnen etwa 0,5 m unt. Gelände	7,6	81,6	25,76	55,84	202,4	143,6	1047,3	411,7	104,1	110,6	220,8
/19 W	AWG-Siedlung „Einheit"	Bohrung 1 (32)	7,4	53,6	17,08	36,52	134,2	338,6	463,2	297,3	52,1	166,2	7,5
/20 W	7. 6. 1961 Geike	Bhrg. 3/61 (34)	7,15	100,6	13,72	86,88	107,8	1010,5	699,4	494,6	136,2	715,2	149,4
/21 W	13. 6. 1961	Bohrung 4 (35)	7,3	102,8	12,60	90,20	99,0	780,1	646,9	563,2	104,1	89,8	4,2
/22 W	14. 6. 1961	Bohrung 5 (36)	7,4	65,8	16,80	49,00	132,0	173,8	669,8	405,5	39,0	64,4	1,0
/23 W	16. 6. 1961	Bohrung 6 (37)	7,1	90,0	12,60	77,40	99,0	806,6	360,1	563,1	85,0	228,6	8,3
/24 W	17. 6. 1961	Bohrung 7 (38)	7,4	107,2	11,76	95,44	92,4	1124,0	560,7	634,6	79,8	246,5	13,3
/25 W	21. 6. 1961	Bohrung 9 (40)	7,45	73,8	25,06	48,74	196,9	397,1	619,8	370,2	95,4	164,7	5,0
/26 W	26. 6. 1961	Bohrung 10 (41)	7,55	63,6	15,12	48,48	118,8	182,6	674,7	321,6	80,7	82,8	1,2
/27 W	27. 6. 1961	Bohrung 11 (42)	7,5	40,4	14,84	25,56	116,6	47,9	429,6	200,1	53,8	22,0	1,2
/28 W	28. 6. 1961	Bohrung 12 (43)	7,5	66,8	18,90	47,90	148,5	86,9	1100,2	290,2	113,6	175,1	20,7
/29 W	29. 6. 1961	Bohrung 13 (44)	7,35	124,8	22,68	102,12	178,2	448,5	1809,1	699,0	117,1	292,3	88,7
/30 W	30. 6. 1961	Bohrung 14 (45)	8,0	133,2	26,04	107,16	204,6	312,0	1324,3	857,6	143,1	89,8	28,9
/31 W	4. 7. 1961	Bohrung 15 (46)	7,7	60,2	20,72	39,48	162,8	157,8	1204,5	393,1	56,4	474,8	30,9
/32 W	5. 7. 1961	Bohrung 16 (47)	7,6	167,8	41,44	126,36	325,6	1328,0	1521,0	1007,7	290,6	273,4	14,5

Auch die Natriumionen weisen im Bereich der drei Erdfallgebiete die höchsten Konzentrationen auf. Erwartungsgemäß zeigten sich Unregelmäßigkeiten in der Konzentrationsabnahme in südlicher Richtung auf Grund der bereits erwähnten Ursachen in weitaus stärkerem Maße als bei den Chlorionen. Trotzdem ist, besonders im südlichen Teil der Karte, die abnehmende Tendenz der Natriumionenkonzentration deutlich zu erkennen.

Aus der kartenmäßigen Darstellung der Konzentrationsverteilung der Chlor- und Natriumionen ist zu ersehen, daß das untersuchte Wasser besonders in unmittelbarer Umgebung der Erdfallgebiete den höchsten Gehalt an diesen Ionenarten enthält. Daraus ist zu folgern, daß in diesen Gebieten ein Zufluß von natriumchloridhaltigem Wasser vorhanden sein muß. Das kochsalzhaltige Wasser vermischt sich mit dem oberflächennahen Grundwasser und wird dadurch, in südlicher Richtung abfließend, weitgehend verdünnt. Durch die Eintragung der einzelnen Konzentrationen der Chlor- und Natriumionen in die Karte läßt sich diese Verdünnung bis in den südlichsten Teil des Kartierungsgebietes gut verfolgen. Ein Zusammenhang zwischen den Erdfällen und den Natrium- und Chlorionen ist also in allen Fällen deutlich zu erkennen.

Zusammenfassung

Im Kartierungsgebiet von Bad Frankenhausen wurden Untersuchungen über den Zusammenhang zwischen den besonders im Bereich der Kyffhäusersüdrandstörung liegenden Erdfallgebieten und dem Chemismus des Grundwassers durchgeführt. Ausgehend von der Tatsache, daß natriumchloridhaltiges Wasser größere Mengen an Kalziumsulfat aufzulösen vermag als reines Wasser, wurde untersucht, ob auch die Erdfälle, in deren Bereich keine Solquellen zutage treten, eine Folgeerscheinung dieser erhöhten Lösungswirkung sind. Zu diesem Zweck wurden zahlreiche Wasserproben aus diesem Gebiet chemisch untersucht und die dabei ermittelten Konzentrationen für die Chlor- und Natriumionen in eine Karte eingetragen. Auf Grund dieser Eintragungen ist deutlich zu erkennen, daß in der Nähe aller drei Erdfallgebiete die höchsten Konzentrationen auftreten. In südlicher Richtung ist eine ständige, im Stadtgebiet allerdings etwas unregelmäßige Abnahme der Konzentration zu erkennen.

Ein enger Zusammenhang zwischen aufsteigender Sole und intensiver Gipsauslaugung, als deren Folge Erdfall- und Senkungserscheinungen auftreten, wurde durch die Untersuchungen im Stadtgebiet von Bad Frankenhausen sehr wahrscheinlich gemacht.

Резюме

В картировочном районе курорта Франкенгаузен проводились исследования связи между областями оползней, расположенными в частности в пределах сброса у южного края Кифгойзера, и химизмом грунтовой воды. Исходя из факта, что ИаCl-содержащая вода в состоянии растворять большие количества кальциевого сульфата чем чистая вода, было исследовано, являются ли оползни, в пределах которых соляные источники не выходят на поверхность, последствием этого повышенного действия растворения. С этой целью многочисленные пробы воды из этого района подвергались химическому анализу и полученные концентрации ионов хлора и натрия были нанесены на карту. На основе этих нанесений можно отчетливо узнавать, что в близости всех трех районов оползней встречаются наивысшие концентрации. В направлении на юг наблюдается постоянное уменьшение концентрации. В районе города это уменьшение, правда, несколько неравномерно. Исследования в городском районе курорта Франкенгаузен сделали вероятным, что существует тесная связь между восходящей соляной водой и интенсивным выщелачиванием гипса, вследствие которого наблюдаются явления оползней и оседания.

Summary

In the geologically mapped area of Bad Frankenhausen research was carried out to find the relationship between collapse sink areas particularly situated in the zone of the southern marginal disturbance of the Kyffhäuser and groundwater chemism. Proceeding from the fact that sodium chloride containing water is able to dissolve larger quantities of potassium sulphate than pure water, an investigation was made into how collapse sinks, in whose area saline springs do not outcrop, are also a sequel to this increased solution effect. For this purpose numerous water samples from the area were chemically investigated, and concentrations ascertained for chlorine and sodium ions were represented on a map. Items mapped clearly show that the highest concentrations are found near all three collapse sink areas. Towards the south a permanent, in the urban area, however, a somewhat irregular decrease of the concentration can be recognized.

In all probability, as a result of investigations carried out in the urban area of Bad Frankenhausen, there is a close relationship between ascending brine and intensive leaching of gypsum, as a consequence of which collapse sink and subsidence processes take place.

Literatur

D'ANS, J., D. BREDTSCHNEIDER, H. EICH & H. E. FREUND: Untersuchungen über die Kalziumsulfate. — Kali und Steinsalz, 1, H. 9, S. 17—39 (1952—1955).

D'ANS, J. & E. LAX: Taschenbuch für Chemiker und Physiker. — Springer-Verlag, Berlin 1949.

BACHMANN, G. & F. REUTER: Die komplexe ingenieurgeologische Untersuchung und Fragen ihrer Wirtschaftlichkeit am Beispiel der Ingenieurgeologischen Detailkarte der Stadt Bad Frankenhausen. — Z. angew. Geol., im Druck.

POSNJAK, E.: Deposition of calcium sulfate from sea water. — Am. Journ. Sci. 238, S. 559 (1940).

Ermittlung der wahren Mächtigkeit aus Bohrungen beliebiger Lage[1)]

ALFRED LENK, Zwickau

Für die Ermittlung der Mächtigkeit eines Lagerstättenkörpers (Schicht oder Flöz) durch Bohrungen wird von F. STAMMBERGER (1956) als analytischer Lösungsweg die Formel (1) angegeben:

$$m_w = m_s \cdot \cos(\beta - \alpha) \cdot \cos\gamma \qquad (1)$$

Dabei bedeuten:

- α — Zenitwinkel des Bohrloches beim Durchteufen des Lagerstättenkörpers
- β — Fallwinkel des Lagerstättenkörpers
- m_w — wahre Mächtigkeit des Lagerstättenkörpers
- m_s — im Bohrloch gemessene Mächtigkeit des Lagerstättenkörpers
- γ — Winkel zwischen dem Azimut des Bohrloches und dem Azimut der Fallrichtung des Lagerstättenkörpers

Diese Formel (1) soll für den allgemeinsten Fall, d. h. sogar dann, wenn der Lagerstättenkörper nicht senkrecht oder parallel zu seinem Streichen durchbohrt worden ist, Gültigkeit haben. Sie erfüllt jedoch diese Aufgabe nicht, da sich mit dieser Formel auch einfachere Sonderfälle nicht lösen lassen. Zwei dieser Sonderfälle seien dargelegt.

1. Liegen die Fallinie des Lagerstättenkörpers und die Bohrlochachse (im Bereich der Lagerstätte) in derselben vertikalen Ebene, so haben sie dasselbe Azimut. In diesem Falle ist $\gamma = 0°$ und $\cos\gamma = 1$, d. h., der Azimutdifferenzwinkel γ spielt in der Formel (1) keine Rolle.

Innerhalb dieser Variante gibt es den Fall, daß das Bohrloch in Richtung des Lagerstätteneinfallens fällt, wobei, wie aus Abb. 1 zu ersehen ist, die Formel (1) lauten müßte:

$$m_w = m_s \cdot \cos(\alpha + \beta) \cdot \cos\gamma$$

Die Formel (1) ist also unter den genannten Vorbedingungen nur brauchbar, wenn das Bohrloch entgegen dem Schichteinfallen fällt.

2. Liegen die Streichlinie der Lagerstätte und die Bohrlochachse in derselben vertikalen Ebene, so ist $\gamma = 90°$ und $\cos\gamma = 0$. Setzt man $\gamma = 90°$ in die Formel (1) ein, so ergibt sich ein Produkt mit einem Faktor = 0.

$$m_w = m_s \cdot \cos(\beta - \alpha) \cdot 0$$

In dieser Formel ist Gleichung (1) zur Lösung des genannten Falles nicht zu verwenden.

Schlußfolgerung: Da die Formel (1) für Sonderfälle nicht anwendbar ist, eignet sie sich auch nicht für die Lösung von Aufgaben allgemeinster Form; denn die allgemeinste Form muß Sonderfälle einschließen.

In Anbetracht der Bedeutung der Mächtigkeitsbestimmungen für die Vorratsberechnung werden folgende Wege zur Lösung vorgeschlagen:

1. Rechnerische Lösung

a) $$m_w = m_s \cdot \frac{\sin(\alpha + \beta')}{\cos\beta'} \cdot \cos\beta \qquad (2)$$

1) Eingang des Manuskripts in der Redaktion: 7. 2. 1962

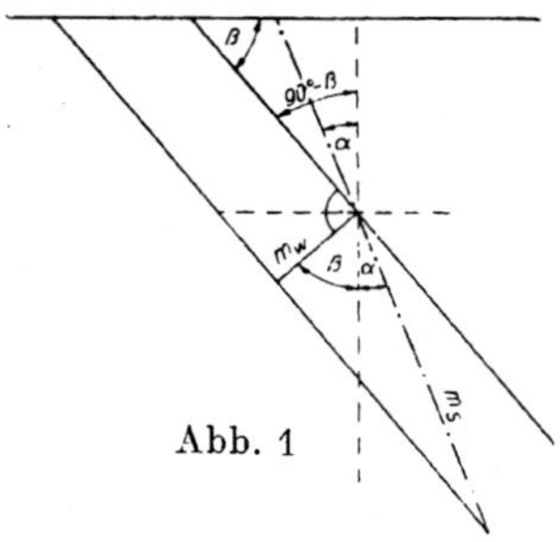
Abb. 1

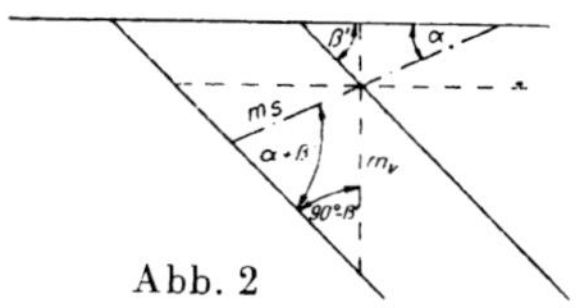
Abb. 2

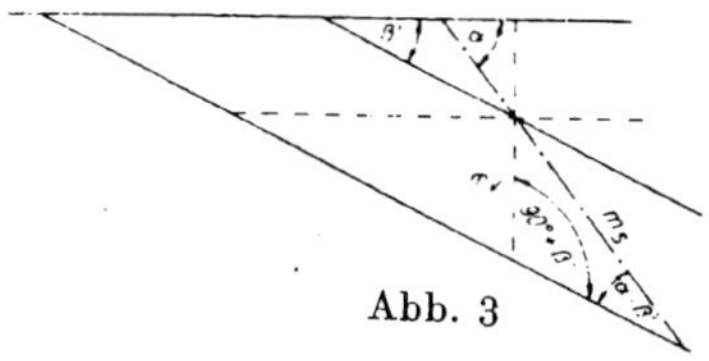
Abb. 3

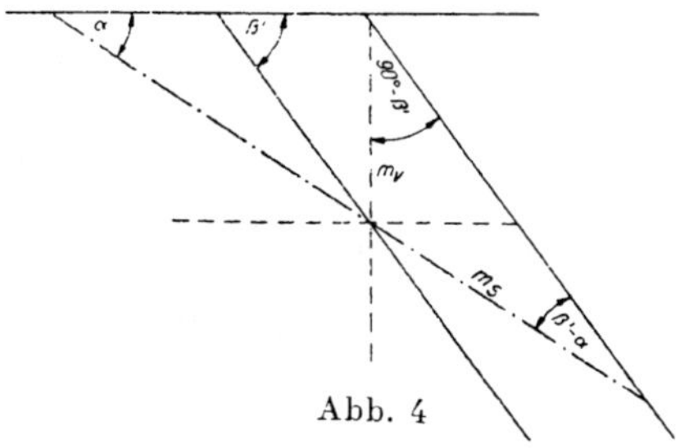
Abb. 4

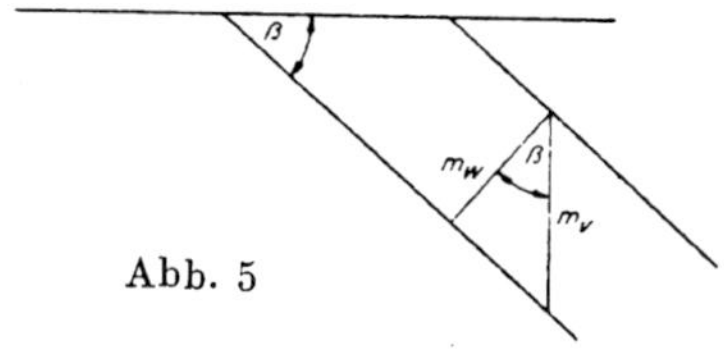
Abb. 5

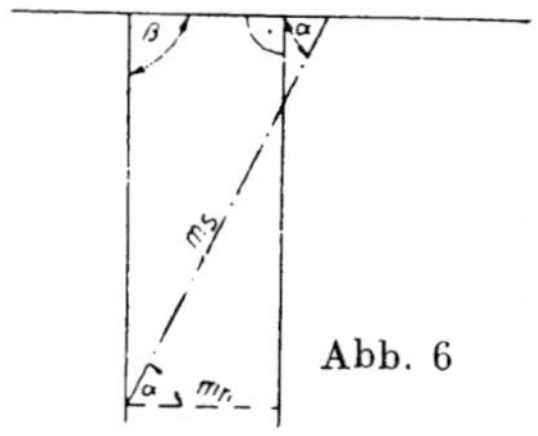
Abb. 6

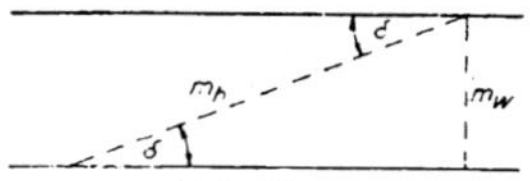
Abb. 7

Formel (2) ist anwendbar, wenn die Einfallrichtung des Bohrloches mehr als 90° von der Einfallrichtung der Schicht abweicht.

$$m_w = m_s \cdot \frac{\sin(\alpha - \beta')}{\cos \beta'} \cdot \cos \beta \qquad (3a)$$

$$m_w = m_s \cdot \frac{\sin(\beta' - \alpha)}{\cos \beta'} \cdot \cos \beta \qquad (3b)$$

Formel (3a) und (3b) eignen sich, wenn die Einfallrichtung des Bohrloches weniger als 90° von der Einfallrichtung der Schicht abweicht. Ist $\alpha > \beta'$, wählt man Formel (3a), umgekehrt (3b)[2].

Die Formeln (2), (3a) und (3b) gelten nur bei nicht seigerer Lagerung der Schicht.

b) $$m_w = m_s \cdot \cos \alpha \cdot \sin \delta \qquad (4)$$

Formel (4) kann nur bei seigerer Lagerung der Schicht angewendet werden.

In den Formeln (2) bis (4) bedeuten
- α — Einfallwinkel des Bohrloches
- β — Einfallwinkel der Schicht
- β' — scheinbarer Einfallwinkel der Schicht in der Fallrichtung des Bohrloches. Er ist zu ermitteln aus der Formel $\tan \beta' = \tan \beta \cdot \sin \delta$ (Profilwinkelsatz).
- δ — Azimutdifferenzwinkel zwischen der Streichrichtung der Schicht und der Fallrichtung des Bohrloches, so gemessen, daß er zwischen 0° und 90° liegt
- m_w — wahre Mächtigkeit der Schicht
- m_s — scheinbare Mächtigkeit der Schicht in der Richtung des die Schicht durchteufenden Bohrloches

Die Formeln (2), (3a) und (3b) wurden mit Hilfe der vertikalen Mächtigkeit (m_v) ermittelt. Aus den Vertikalschnitten (Abb. 2, 3 und 4), in denen jeweils die Bohrlochachse liegt, lassen sich die einzelnen vertikalen Mächtigkeiten wie folgt berechnen:

$$\frac{m_v}{\sin(\alpha + \beta')} = \frac{m_s}{\sin(90 - \beta')}$$

$$m_v = m_s \cdot \frac{\sin(\alpha + \beta')}{\sin(90 - \beta')}$$

$$m_v = m_s \cdot \frac{\sin(\alpha + \beta')}{\cos \beta'} \qquad (5)$$

$$\frac{m_v}{\sin(\alpha - \beta')} = \frac{m_s}{\sin(90 + \beta')}$$

$$m_v = m_s \cdot \frac{\sin(\alpha - \beta')}{\sin(90 + \beta')}$$

$$m_v = m_s \cdot \frac{\sin(\alpha - \beta')}{\cos \beta'} \qquad (6)$$

$$\frac{m_v}{\sin(\beta' - \alpha)} = \frac{m_s}{\sin(90 - \beta')}$$

$$m_v = m_s \cdot \frac{\sin(\beta' - \alpha)}{\sin(90 - \beta')}$$

$$m_v = m_s \cdot \frac{\sin(\beta' - \alpha)}{\cos \beta'} \qquad (7)$$

Für die Formeln (2), (3a) und (3b) geht die Beziehung der vertikalen Mächtigkeit (m_v) zur wahren Mächtigkeit (m_w) aus einem Vertikalschnitt hervor, der auf der Streichlinie der Schicht senkrecht steht (s. Abb. 5).

$$\frac{m_w}{m_v} = \cos \beta$$

$$m_w = m_v \cdot \cos \beta \qquad (8)$$

Setzt man in Gleichung (8) für m_v die entsprechenden Werte aus den Gleichungen (5), (6) oder (7) ein, so ergeben sich die Formeln (2), (3a) oder (3b)[3].

Die Formel (4) wurde, da bei seigerer Lagerung der Schicht die vertikale Mächtigkeit (theoretisch) unendlich groß ist, über eine horizontale Mächtigkeit (m_h) ermittelt.

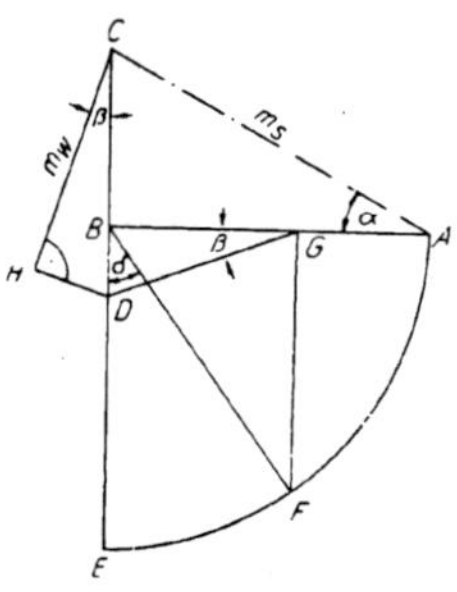
Abb. 8

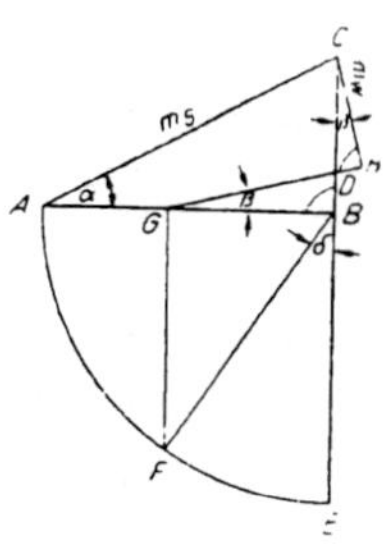
Abb. 9

[2]) Sind in den Gleichungen (3a) und (3b) α und β' gleich groß, so verläuft die Bohrlochachse parallel zu Sohl- und Dachfläche der Schicht und m_s ist (theoretisch) unendlich groß.

[3]) Mit Hilfe des sphärischen Kosinussatzes für die Winkel lassen sich die Formeln (2), (3a) und (3b) zu einer allgemeingültigen Formel zusammenfassen, wenn bestimmte Meßvoraussetzungen erfüllt sind.

Im Vertikalschnitt (Abb. 6), in dem die Bohrlochachse liegt, läßt sich m_h folgendermaßen bestimmen:

$$\frac{m_h}{m_s} = \cos \alpha$$

$$m_h = m_s \cdot \cos \alpha \tag{9}$$

Für Formel (4) geht die Beziehung zwischen der horizontalen Mächtigkeit (m_h) und der wahren Mächtigkeit (m_w) aus dem Grundriß (Abb. 7) hervor.

$$\frac{m_w}{m_h} = \sin \delta$$

$$m_w = m_h \cdot \sin \delta \tag{10}$$

Setzt man in Gleichung (10) für m_h den entsprechenden Wert aus Gleichung (9) ein, so ergibt sich Formel (4).

2. Stark verkürzte rechnerische Lösung durch Anwendung des SCHMIDTschen Netzes

$$m_w = m_s \cdot \cos \varepsilon$$

Dabei bedeutet:

ε — Winkel zwischen der Flächennormalen der Schichtfläche und der Bohrlochachse

Der Winkel ε wird wie folgt ermittelt:

Man bringt den Flächenpol der Schichtfläche und den Achsenpol des Bohrloches durch entsprechende Drehung des Oleats auf einen gemeinsamen Großkreis. Zwischen beiden Polen kann man auf dem Großkreis den Winkel ε ablesen (abzählen).

3. Graphische Lösung

Konstruktionsbeschreibung (s. Abb. 8 und 9):

Zeichne das rechtwinklige Dreieck ABC mit dem Winkel α und der Hypotenuse = m_s (Maßstab!). Schlage um B mit Radius $\overline{BA}$ einen Kreisbogen. Dieser schneidet die Verlängerung von $\overline{CB}$ in E. Trage in B an $\overline{BE}$ den Winkel δ an, dessen freier Schenkel den vorgenannten Kreisbogen in F schneidet. Ziehe durch F zu $\overline{EB}$ die Parallele, die $\overline{AB}$ in G schneidet. Trage in G an $\overline{GB}$ den Winkel β an, dessen freier Schenkel $\overline{CB}$ bzw. $\overline{BE}$ in D schneidet. Trage in C an $\overline{CD}$ den Winkel β an und bringe das von D auf den freien Schenkel gefällte Lot in H mit dem freien Schenkel zum Schnitt. $\overline{CH}$ (Maßstab!) ist die gesuchte wahre Mächtigkeit.

Die Bedeutung der Winkel α, β und δ sowie der Strecken m_w und m_s wurde bereits für die Formeln (2) bis (4) in Abschnitt 1b) erläutert.

Literatur

STAMMBERGER, F.: Einführung in die Berechnung von Lagerstättenvorräten fester mineralischer Rohstoffe. — Akademie-Verlag, Berlin 1956.

W. I. SAFRANOW, UdSSR

Das Bohren gerichteter und mehrsöhliger Bohrlöcher mittels Scharnierablenkern[1]

Referiert von EBERHARD HARLASS, z. Z. Moskau

In der „Westsibirischen Geologischen Verwaltung" werden zum Niederbringen gerichteter und mehrsöhliger Bohrlöcher ein- und doppelgelenkige (ein- und zweischarnierige) Ablenkgeräte benutzt.

Je nach der gewünschten Ablenkung kommen zwei Gerätetypen zum Einsatz. Das Ablenkgerät mit einem Scharniergelenk wird zur Veränderung des Neigungswinkels bei Schrägbohrungen (80° und weniger) verwendet; und zwar dann, wenn eine rasche Verringerung des Winkels erforderlich ist, die die gewöhnliche Abweichung bei geneigten Schichten übersteigen soll. Das Gerät (Abb. 1) besteht aus der Krone 1, dem Kernrohr 2, der Gelenkverbindung 3 und der Schwerstange 5, die mit dem Scharnier (Gelenk) durch ein Übergangsstück mit drehbaren Gummiprotektoren 4 verbunden ist.

Die gewünschte Ablenkung wird dadurch erreicht, daß sich in dem geneigten Bohrloch die Schwerstange infolge der Kraftkomponente Q_2 (vergl. Abb. 1) an die liegende Bohrlochwand verlagert und dadurch den Mittelpunkt des Gelenkes aus der Bohrlochachse verdrängt und die Achse des Kernrohres mit einem gewissen Winkel gegen die Bohrlochachse orientiert. Dadurch wird beim fortschreitenden Bohrprozeß eine ziemlich rasche Verflachung des Loches hervorgerufen.

Die zweite Ablenkeinrichtung mit Doppelgelenk (Konstruktion: W. D. LARIONOW) wird angewendet, wenn eine Vergrößerung des Neigungswinkels, also eine Versteilung des Bohrloches, notwendig ist. Das Gerät besitzt zwei Gelenke, die durch ein kurzes Zwischengestänge verbunden sind (Abb. 2). Durch die Kraftkomponente Q_2 wird die Schwerstange an die liegende Bohrlochwandung gedrückt, während unter dem Einfluß der Kraft C_2' der obere Teil des Kernrohres in Richtung der hangenden Bohrlochwand verdrängt wird.

Die Achse des Kernrohres bildet also in der Vertikalebene einen gewissen Winkel mit der Bohrlochachse (vergl. Abb. 2), der beim Bohren zu einer allmählichen Versteilung des Loches führt. Die Größe der Kraftkomponente C_2' hängt ab vom Durchmesser des Bohrloches, vom Durchmesser der Protektorringe, vom Abstand der Gelenke und von der in Richtung der Schwerstangenachse wirkenden Kraft C, deren Größe von dem angewendeten Sohlendruck bestimmt wird. Die Größe der Kraft C_2' errechnet man nach folgender Formel:

$$C_2' = C_2 = C \frac{\sin \varphi'}{\cos \varphi'}$$

(Bedeutung von C und φ vergl. Abb. 2)

Die Intensität der Abweichung wird durch die Länge des Kernrohres, vom Durchmesser des Bohrloches und vom Durchmesser der Protektorringe bestimmt. Zur Ermittlung der erforderlichen Kernrohrlänge gibt der Autor folgende Formel an:

$$L_K = 7{,}6 \sqrt{n (D_{Brl.} - D_{Pr.})} \quad \text{(m)}$$

(n — gewünschte Krümmung in m/1°; $D_{Brl.}$ — Durchm. des Bohrloches in m; $D_{Pr.}$ — Durchm. der Protektorringe in m)

[1] Aus: „Raswedka i ochrana nedr", Nr. 7, 1961

Zeitschrift für angewandte Geologie (1962) Heft 7

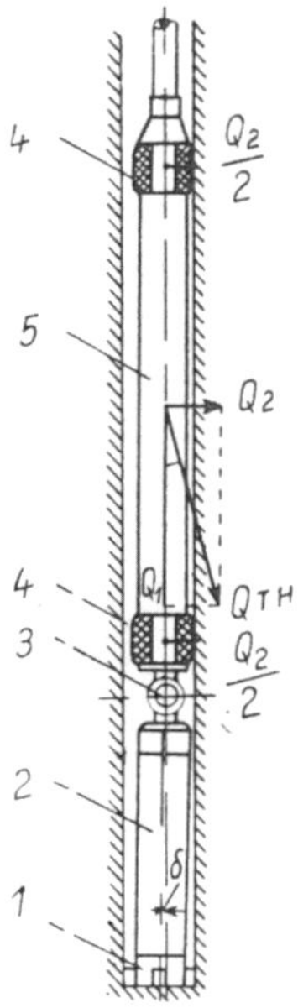

Abb. 1. Ablenkgerät mit einfachem Gelenk
1 – Krone, 2 – Kernrohr, 3 – Gelenkverbindung, 4 – Protektorring, 5 – Schwerstange

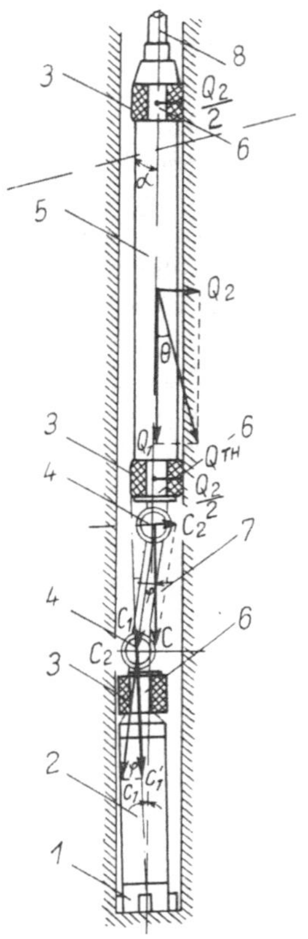

Abb. 2. Gerät mit Doppelgelenk
1 – Krone, 2 – Kernrohr, 3 – Protektorringe, 4 – Gelenkverbindung, 5 – Schwerstange, 6 – Übergangsstück für Protektoren, 7 – Zwischengestänge, 8 – Bohrtour (Gestänge)

Die der Krümmung angepaßte Länge der Schwerstange wird mit der folgenden Beziehung berechnet:

$$L_S = 21{,}4\sqrt{n(D_{Brl.} - D_{Pr.})} \quad \text{(m)}$$

Im Arbeitsbereich der genannten Institution wurden in letzter Zeit 16 gerichtete — davon vier zweisöhlige — Bohrungen niedergebracht. Dabei wurde unter normalen Produktionsbedingungen eine neue Methode zum Abteufen mehrsöhliger Bohrungen erprobt. Das geneigte Bohrloch (maximal 80°) wird bis zum geplanten Ablenkungspunkt in üblicher Weise niedergebracht. Dann bringt man das Ablenkgerät auf die Bohrlochsohle und bohrt mit verringertem Durchmesser das erforderliche Krümmungsintervall. Nach Erreichen der gewünschten Ablenkung (Überwachung durch Klinometermessung) teuft man mit den üblichen Geräten weiter. Es versteht sich von selbst, daß die Krümmung ein bestimmtes Maß nicht überschreiten darf (Beachtung des optimalen Sohlendruckes!), um ein Verklemmen des Gestänges im Krümmungsintervall zu verhindern.

Nach der Fertigstellung des abgelenkten Bohrloches bohrt man mit normalem Bohrzeug das zweite Loch. Dabei benutzt man möglichst den vor der Ablenkung gebrauchten großen Bohrlochdurchmesser und verwendet auch ein möglichst langes Kernrohr bzw. eine längere Schwerstange. Der Autor gibt leider nicht an, ob sich vor dem Bohren des zweiten Loches in jedem Falle ein vorheriger Verschluß des Krümmungsintervalls (durch einen Zementpfropfen o. a.) notwendig macht oder nicht.

Hinsichtlich der bei der Ablenkung auftretenden azimutalen Abweichung teilt der Verfasser mit, daß diese in den meisten Fällen nicht die Meßgenauigkeit des angewendeten Gerätes (5—6°) überschritten hat. Nur bei vier von 15 Bohrungen betrug die azimutale Abweichung von der projektierten Schnittebene ±12°. (Die Bohrlochtiefen bzw. die Längen der Krümmungsintervalle werden in der Arbeit nicht angegeben.)

Die weitaus meisten Bohrungen dieser Art wurden von der „Kusbasuglegeologia" zum Durchsinken steilfallender Schichten eingesetzt. Die durchschnittliche Einsparung an Bohrmetern betrug etwa 20%. In der Salairsker Erkundungsgruppe wurde z. B. eine zweisöhlige Bohrung (1. Brl. = 194 m; 2. Brl. = 206 m) niedergebracht, bei der etwa 110 m eingespart werden konnten.

Durch die Anwendung der beschriebenen Ablenkgeräte fällt der Einsatz spezieller Vorrichtungen (Ablenkkeile o. a.) fort, die meist nur mit Schwierigkeiten in der gewünschten Weise in das Bohrloch gebracht werden können. Dadurch kann der Zeitaufwand für vorbereitende Arbeiten bedeutend herabgesetzt werden.

Glaziale Bildungen Brandenburgs und ihre Abhängigkeit von der Struktur des Untergrundes

ALEXANDER HULTZSCH, Berlin

(Vorläufige Mitteilung)

In der Quartärgeologie werden heute immer nachdrücklicher Beziehungen zwischen der Struktur des Untergrundes und glazialen Akkumulations- sowie Erosionsformen gefordert, jedoch ebenso nachdrücklich von anderer Seite verworfen.

Schon ein Vergleich der geologischen Übersichtskarte (K. KEILHACK 1921) dieses Gebietes mit den geophysikalischen Meßergebnissen (G. SIEMENS 1960) zeigt mannigfaltige Anhaltspunkte für Zusammenhänge zwischen beiden. Diese Zusammenhänge würden deutlicher bei Vergleich der geophysikalischen Feinmeßergebnisse mit den Aussagen tieferer und flacherer Bohrungen.

1. Die Rupeltonschollenlagerstätten von Welsow, Werbellinsee und Bad Freienwalde liegen je auf dem Rande eines geophysikalischen Hochgebietes.

Unter Hinweis auf Wechselwirkungen zwischen festem und lockerem Gebirge im Lichte kompetenzbedingter Reaktion bei der glazigenen Dynamik können hier Zusammenhänge gesehen werden.

2. Die im Isogammenverlauf hauptsächlich vorgezeichnete herzynische und erzgebirgische Richtung entspricht einerseits dem vorwiegenden Verlauf der glazialen Erosionsformen (Urstromtälern und Hochflächendurchbrüchen), andererseits liegen die Isogammenscharungen vorwiegend in diesen Formen.

3. Die in unmittelbarer Nähe von geophysikalischen Hochgebieten liegenden pleistozänen Sedimente von Lieberose und Zehdenick zeigen nicht nur schlechthin große Mächtigkeiten, sondern eine mächtige Beckenfazies mit mehrfacher Folge wechselnd mächtiger Bändertonserien. Im Gegensatz dazu liegt auf der Struktur Gransee eine ähnlich mächtige „Schwellenfazies" mit Spatsanden und Geschiebemergelhorizonten.

Im Sinne von F. TRUSHEIM (1957) könnte hier auf Sedimentation in primären Randsenken bei der Halokinese geschlossen werden, gleichzeitig damit auf Salzwanderung im Pleistozän.

4. Durch Verfolgung der Flußläufe von Havel und Elbe wäre für mehrere Strukturen eine Halokinese bis in das Holozän wahrscheinlich.

Die Beobachtungen und ersten Untersuchungsergebnisse gestatten keine Rückschlüsse auf orogenetische Bewegungen (etwa pasadenische Phase) in heutiger Zeit, sie weisen jedoch deutlich auf enge Beziehungen zwischen Untergrundstruktur und glazialen Bildungen hin.

Im Gegensatz zu allen bisherigen Auffassungen wird die Möglichkeit einer Beckenbildung für glaziale Sedimente unter Einfluß der Halokinese aufgezeigt.

Dieser vorläufigen Mitteilung folgt später eine ausführliche Darstellung aller einschlägigen Untersuchungsergebnisse.

Die oberkambrischen Ölschiefer von Kvarntorp (Schweden)

WERNER NÖLDEKE, Berlin

Während des 2. Weltkrieges war Schweden zur weitgehenden Deckung des Eigenbedarfs an Öl gezwungen, den Ölgehalt der zentralschwedischen oberkambrischen Alaunschiefer durch Extraktion zu gewinnen. Die Wahl fiel dabei auf die Vorkommen im Gebiet bei Kvarntorp (südlich Örebro, Provinz Närke), ca. 250 km westlich Stockholm, in denen mit ca. 4—7 Gew.-% der höchste Ölgehalt vorlag. Seit 1941 hat sich hier in relativ kurzer Zeit ein bedeutender Zweig der schwedischen Wirtschaft entwickelt. Nach dem Krieg wurden dann die Anlagen des Steinbruchbetriebes und der Öl- und Nebenproduktgewinnung weitgehend ausgebaut und modernisiert. Die Teilnehmer der Exkursion C 18 des XXI. Internationalen Geologenkongresses 1960 hatten Gelegenheit, Teile des Betriebes zu besichtigen (s. H. E. HAUSMANN 1961).

Die in den Steinbrüchen südöstlich Kumla aufgeschlossene Schichtenfolge gehört in das Kambrium und untere Ordovizium. Sie wird von präkambrischen Gesteinen umgeben, gegen die sie durch Störungen begrenzt ist (Abb.). Das Unterkambrium besteht aus einer max. 18,5 m mächtigen Sandsteinfolge, die in den liegenden Mickwitzia- und den hangenden Linguliden-Sandstein untergliedert wird. Zum Mittelkambrium gehören die Oelandicus-Schiefer (oberer Teil der Oelandicus-Stufe) mit glaukonit- und phosphoritführenden Sandsteinen an der Basis sowie die Paradoxissimus-Schiefer (unterer Teil der Paradoxissimus-Stufe). Ihre Mächtigkeiten betragen max. 15 bzw. 12 m. Die wirtschaftlich wichtigen Alaunschiefer werden dem Oberkambrium zugeordnet. Ihre größte Mächtigkeit beträgt 19,3 m am Hynneberg östlich Kumla. Sie enthalten verschiedentlich bituminöse Kalksteineinlagerungen. Den hangenden Abschluß bilden unterordovizische Kalksteine der Hynneberg-Stufe (Zone des *Megistaspis planilimbata*), der Billingen-Stufe (Zone des *Megalaspides dalecarlicus* und *Megistaspis estonica*) und der Limbata-Kalkstein (Zone des *Megistaspis lata*).

Der untere Teil der Alaunschiefer enthält ca. 5 Gew.-% Öl, der obere Teil ca. 6—7 Gew.-% Öl. Ähnliche Alaunschiefer Västergötlands enthalten dünne, linsenförmige Zwischenlagen von vanadiumführender „Kohle", einem leicht krümeligen Asphaltit, dessen Entstehung in Zusammenhang mit weithin auftretenden unterpermischen Doleriten gebracht wird. Die Alaunschiefer haben stellenweise einen Urangehalt von 235 g/t (höchste Gehalte in der Zone mit *Peltura scarabaeoides*). Ihre Mächtigkeit beträgt 14—16 m. Der Abbau erfolgt im Tagebau. Das gebrochene Gestein wird ausschließlich mit LKW zur Aufbereitungsanlage transportiert. Die tägliche Förderung erreicht 10000 t. Die Mächtigkeit des Abraums beträgt z. Z. etwa 10 m. In einiger Entfernung nimmt sie jedoch so stark zu, daß eine Abraumbeseitigung zu erhöhten Kosten des Tagebaubetriebes führen würde. Die Überlagerung der Alaunschiefer durch gasdichte Kalksteine ermöglichte die Einführung der Untertageschwelung nach L. JUNGSTRÖM (s. H. MUNDERLOH 1956). Die Aufheizung des Schiefers erfolgt durch in einem Sechseck von etwa 2,20 m Kantenlänge angelegte Bohrlöcher, in die elektrische Heizwiderstände von je 10 kW Leistung bei 150 V Spannung eingesetzt sind. Die entstehenden Schwelgase werden durch die in der Mitte der Sechsecke niedergebrachten Bohrlöcher abgezogen. Die Temperatur erreicht in ungefähr vier Monaten 400 Grad, die bis zum Ende der Verschwelung beibehalten wird. Als Ergebnis für die Ölausbeute werden 60% der FISCHER-Analyse angegeben, wobei 1 m² rund 1 m³ Öl liefert. Der geringe Strompreis von 2,5 Öre je kWh läßt den Verbrauch von 6,4 kWh/l Öl wirtschaftlich erscheinen.

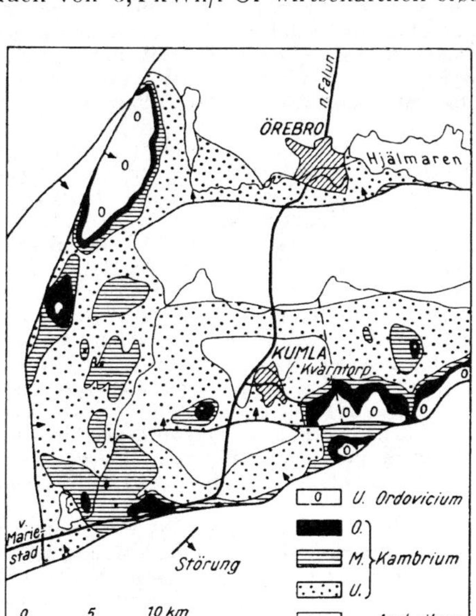

Geologische Übersichtskarte der Umgebung von Kvarntorp (nach P. THORSLUND & V. JAANUSSON 1960)

Die „ortsfremde" Verarbeitung der Schiefer in Retorten erfolgt (ebenfalls) thermisch, überwiegend nach der „Kvarntorp-Methode" (Weiterentwicklung der BERGH-Methode). Die Schiefer werden zunächst auf die Körnungen 0—5 mm, 5—23 mm (am besten geeignet für die Kvarntorp-Methode) und auf 30—80 mm ∅ (am besten geeignet für die ebenfalls eingesetzten IM- und HG-Retorten) gebracht. Sie gelangen dann in vertikale Rohre mit einem Durchmesser von 20 cm (8") und einer Höhe von 3 m, in denen sie von außen durch Gase auf eine Temperatur zwischen 300 und 600 °C erhitzt werden. Es bilden sich Rohöl, Rohgas und „Schieferkoks", die getrennt weiterverarbeitet werden. Jede einzelne Retorte hat eine Kapazität von 1 t Schiefer pro Tag.

Eine höhere wirtschaftliche Effektivität wird vor allem durch die Möglichkeit erreicht, Nebenprodukte zu gewinnen. So wird für das Jahr 1958 außer dem Hauptprodukt von 120000 m³ Rohöl die Gewinnung von

12000 t	Flüssiggas
34000 t	raff. Schwefel
60000 t	ungel. Kalk
22000 t	Ammoniak

angegeben (s. Werbeschrift der Svenska Skifferolje A. B., Kvarntorp).

Die Vorräte an Alaunschiefern betragen bei Kvarntorp ca. 1,7 Mrd. t, das sind 85 Mill. t Öl. Weitere Ölschiefervorkommen befinden sich in den Provinzen Ostergötland, Västergötland und Oland. Der Ölgehalt liegt bei diesen Vorkommen aber mit 1,7 bis 3,8 Gew.-% erheblich tiefer. Insgesamt ergibt sich ein Vorrat von 12,7 Mrd. t Schiefern mit einem Ölinhalt von 410 Mill. t. Schweden nimmt mit diesen Vorräten etwa die 9. Stelle unter den Ländern der Welt ein, die Ölschiefer verarbeiten. Die USA stehen mit 90 Mrd. t an der Spitze. Es folgen Brasilien mit 50 Mrd. t und die Republik Kongo mit 15 Mrd. t.

Literatur

HAUSMANN, H. E.: Bericht über die Exkursion C 18 des XXI. Internationalen Geologenkongresses in Kopenhagen 1960. — Z. angew. Geol., 7, S. 543 (1961).

MUNDERLOH, H.: Die Untertage-Schwelung von Ölschiefern nach LJUNGSTRÖM der Svenska Skifferolje A. B. in Kvarntorp (Schweden). — Brennstoff-Chemie, 37, S. 119 (1956).

THORSLUND, P. & V. JAANUSSON: The cambrian, ordovician, and silurian in Västergötland, Närke, Dalarna, and Jämtland, Central Sweden. — Guide to exc. nos A 23 and C 18, XXI. Int. Geol. Congress, Norden 1960.

Werbeschrift der Svenska Skifferolje A. B., Kvarntorp (Sweden). — Printed by Ludvig Larsson Broktryckeri Eftr., Örebro 1958.

Der VI. Kongreß der INQUA in Warszawa 1961

RUDOLF HOHL, Halle (Saale)

Einleitung

Vom 2.—7. Sept. 1961 fand in der Hauptstadt der VR Polen der VI. INQUA-Kongreß statt, nachdem der V. Kongreß im Jahre 1957 in Spanien durchgeführt worden war. Der VII. INQUA-Kongreß soll, einen jeweils vierjährigen Turnus einhaltend, 1965, auf Einladung der USA wahrscheinlich in Lincoln (Nebraska), stattfinden.

Vor dem eigentlichen Kongreß in Warszawa fanden vom 28. Aug.—1. Sept. Vorexkursionen nach Poznań (mit einem Symposium über die Formenprobleme von Eisrandlagen), in die Sudeten, in das Gebiet der Łódźer Hochfläche, in das Seengebiet von Masuren und Suwałki und in den Raum des Plateaus von Lublin (mit einem Symposium über den Löß) statt. Während des Kongresses wurden an einem Sonntagnachmittag fünf Halbtagsexkursionen in die Umgebung von Warszawa durchgeführt. Nach dem Kongreß nahmen die meisten Besucher vom 8. Sept.—21. Sept. an der großen Nachexkursion teil, die von Warszawa aus zum Gestade der Ostsee im Raum Gdańsk—Sopot und Hel und von da quer durch ganz Polen bis in die Hohe Tatra führte. Infolge der großen Teilnehmerzahl machten sich vier Parallelexkursionen notwendig.

Präsident des Organisationskomitees des Kongresses war WLADYSLAW SZAFER, Vizepräsident der Polnischen Akademie der Wissenschaften, seine Vertreter als Vizepräsidenten: ST. LESZCZYCKI, M. KLIMASZEWSKI, ST. Z. ROZYCKI und E. RUEHLE, der Direktor des Staatlichen Geologischen Instituts in Warszawa. Als Generalsekretär fungierte der Ordinarius für Geographie an der Universität Torún, R. GALON, in dessen Händen die Vorbereitungen und die organisatorische Durchführung des Kongresses und der Exkursionen lagen. Wenn dieser erste INQUA-Kongreß nach dem 2. Weltkriege in einem sozialistischen Land im ganzen ein voller Erfolg wurde und manche auftretende Schwierigkeit beseitigt werden konnte, so ist dies in erster Linie dem Geschick des jederzeit liebenswürdigen Generalsekretärs zu verdanken. Gerade auch für unsere Delegation hat er sich wiederholt eingesetzt und manche Wünsche erfüllt.

Bei der Führung der Exkursionen über ein großes, geologisch im einzelnen recht unterschiedliches Gebiet waren die verschiedensten Fachkräfte beteiligt, angefangen bei bekannten Quartärforschern bis zu jüngsten Nachwuchskräften.

Der Kongreß war international gut besucht. Bei mehr als 500 Teilnehmern stellte das gastgebende Land mit über 200 den Hauptanteil. Von den ca. 300 Gästen aus der übrigen Welt war die Delegation der DDR mit 54 Teilnehmern die stärkste. Es folgten die USA (40), UdSSR (28), Westdeutschland (27), Niederlande (14), ČSSR (13) und zahlreiche sonstige Länder. Auch Japan, Mexiko, Neuseeland u. a. waren vertreten.

Wenn auch die Thematik des Kongresses nicht Fragen der angewandten Geologie selbst berührte, so bildet doch die Quartärforschung in weiten Räumen der Erde die Voraussetzung für die Lösung vieler praktischer Fragen. Zahlreiche Lagerstätten der Steine und Erden, Probleme der Hydrogeologie und Ingenieurgeologie sind vielfach eng mit der Gliederung und Ausbildung der Quartärablagerungen verknüpft. Das ist die tiefere Ursache dafür, daß bekannte, auf angewandtem Gebiet tätige Fachkollegen zugleich bedeutende Quartärgeologen sind, z. B. R. GRAHMANN, QU. ZÁRUBA u. a.

Der Kongreß

Während des Kongresses wurden zahlreiche Vorträge gehalten, deren Kurzfassungen in den "Abstract of papers" den Teilnehmern bei der Anmeldung zusammen mit dem Programm und einer umfangreichen Literatur übergeben wurden. Mehrere Institutionen — Geologisches Staatsinstitut, Polnische Akademie der Wissenschaften, Universität Warszawa, Pädagogische Hochschule Gdańsk — hatten Sonderbände von Zeitschriften bzw. Schriftenreihen anläßlich des INQUA-Kongresses herausgegeben. Zusätzlich sind für 1962 noch die Kongreßberichte vorgesehen.

Folgende Sektionen tagten während des Kongresses: Stratigraphie, Geomorphologie, Periglazial, Paläoklimatologie, Paläobotanik, Paläozoologie, Archäologie und Anthropologie, Kommission „Quartäre Strandlinien" mit den Subkommissionen „Strandlinien des Mittelmeeres und Schwarzen Meeres", „Strandlinien des eurafrikanischen Atlantiks" und „Strandlinien Amerikas"; Subkommission „Tiefseesedimente", Kommission „Nomenklatur und Korrelation des Pleistozäns", Subkommission „Untere Grenze des Pleistozäns" und „Holozän"; dazu die Kommissionen „Neotektonik", „Genese und Lithologie quartärer Ablagerungen", „Karte der quartären Bildungen Europas", „Absolutes Alter quartärer Bildungen", „Tephrochronologie".

Schon aus dieser Aufstellung geht hervor, wie vielseitig die Probleme des Quartärs sind und wie viele Vorträge im einzelnen gehalten wurden bzw. gehalten werden sollten.

Außer den Sektions- und Kommissionssitzungen fanden täglich vormittags Plenarveranstaltungen mit Vorträgen bekannter Wissenschaftler über größere Problemkreise, z. T. regionaler Art, statt. Hier war durch eine moderne

Simultananlage mit Kopfhörern die Möglichkeit gegeben, die Ausführungen in deutscher, französischer, englischer und russischer Sprache zu hören.

Aus der am 7. Sept. abgehaltenen Generalversammlung ist u. a. zu berichten, daß die Kommission für die Karte der quartären Bildungen der Welt so lange ihre Arbeiten aussetzt, bis der Stand der ausgedruckten Karten der Kontinente eine Zusammenstellung zu einer Weltkarte erlaubt. Die Kommission für die europäische Quartärkarte i. M. 1:2500000 bemüht sich dagegen, das 15 Blätter umfassende Kartenwerk mit Hilfe der nationalen staatlichen geologischen Institutionen in den nächsten fünf Jahren herauszugeben. Von großer Bedeutung für die weitere Arbeit der INQUA ist die Gründung eines permanenten INQUA-Sekretariats, das mit den aufzustellenden nationalen Komitees auch zwischen den alle vier Jahre stattfindenden Kongressen stetige Verbindungen aufrechterhalten soll. Als Generalsekretäre wurden gewählt: R. GALON, Toruń, A. CAILLEUX, Paris, R. F. FLINT, New Haven, und K. K. ORVIKU, Tallinn.

Neben den Vorträgen boten zahlreiche Ausstellungen interessante Einblicke in die Arbeit der polnischen Quartärforscher (in Warszawa: „Probleme der Quartärforschung des Geologischen Instituts, Warszawa, mit zahlreichen neuen Profilen und Belegproben; „Ausgewählte stratigraphische Profile und Formen des Quartärs in Polen" im Museum der Erde; „Quartär in Mittelpolen" in der Abt. Quartärgeologie der Universität Warszawa mit einem eindrucksvollen Labor für Experimente zur Deutung der Glazialmorphologie; „Internationale Buch- und Kartenausstellung"; in Kraków: Ausstellungen über neue Forschungsergebnisse der Institute für Geomorphologie, Paläobotanik und Paläozoologie; in Zakopane: „Glazialmorphologie der Hohen Tatra").

Die Exkursionen

Bei allen Exkursionen — der Referent beteiligte sich an der Vorexkursion nach Masuren und an der Nachexkursion — fiel die ausgezeichnete Vorbereitung der Aufschlüsse tagtäglich von neuem auf. Tiefe Gruben wechselten mit langen Schürfgräben und sauber abgestochenen Wänden an natürlichen und künstlichen Aufschlüssen. Alle Führer gaben sich die größte Mühe. Es wurde lebhaft diskutiert, und man hatte den Eindruck, daß sich die eigentliche Kongreßarbeit mehr auf die Exkursion verlagert hatte als auf die Diskussion zu den mitunter ohne bildliche Demonstration verlesenen Kongreßreferaten. Im Gelände offenbarten sich gewisse Schwächen in der Einstufung der demonstrierten Schichtenfolgen sowie in der Deutung von Profilen und Einzelerscheinungen. Ganz besonders wurden Widersprüche in der Auffassung der Nachbarländer deutlich. Es zeigte sich, daß trotz zahlreicher wertvoller Einzelarbeiten noch kein klares Gesamtbild des Quartärs vorhanden war. Auch über paläopedologische Probleme, in der Ansprache des Materials und in der Deutung von periglazialen Erscheinungen gab es wiederholt erhebliche Meinungsverschiedenheiten.

Wenn auch auf den Exkursionen die verschiedensten Fragen und Probleme diskutiert wurden, so standen doch meist geomorphologische im Vordergrund. Ganz besonders zeigte sich das in Masuren. Diese auffällige Tatsache hat ihren Grund darin, daß die Quartärforschung in Polen im wesentlichen in Händen der Geographen und nicht der Geologen liegt. Nur das Geologische Institut, Warszawa, bearbeitet auch quartärgeologische Fragen, zumal sein Direktor, Prof. Dr. E. RUEHLE, selbst ein bekannter Quartärforscher ist. Die Geologen an den Hochschulen und im Bereich der Polnischen Akademie der Wissenschaften befassen sich nicht mit dem Quartär. Daher kommt es gelegentlich zu einer Überschätzung der Geomorphologie und zu einer Unterschätzung der Bedeutung der geologischen Substanz und der Lagerung bzw. der geologisch-petrographischen Untersuchungsmethoden. So blieb manche Einstufung und Deutung anfechtbar. In einem Falle wurden Interstadialbildungen anhand von Verfärbungszonen ohne pedologische Untersuchungen behauptet. In einem anderen Falle führten als Tertiär angesprochene Sande an der Ostseeküste reichlich Feldspat, so daß es sich zumindest um pleistozäne Umlagerungsprodukte handeln mußte. Geschiebezählungen, Schrägschüttungsmessungen, schwermineralanalytische Untersuchungen und morphometrische Methoden, überhaupt also die Anwendung moderner quantitativer Untersuchungen, wurden begonnen und versprechen weitere Ergebnisse. Naturgemäß handelt es sich dabei um Arbeitsmethoden, die, da ihre Anwendung eine physikalisch-chemische und mineralogisch-petrographische Ausbildung voraussetzt, kaum allein von geographischer Seite durchgeführt werden können. Im Gegensatz dazu waren die geomorphologischen Ergebnisse meist ganz hervorragend und ebenso auch die zahlreichen kartographischen Leistungen. Überlegen sind uns die polnischen Kollegen in der Pollenanalyse, für die zahlreiche Fachkräfte eingesetzt sind. Wo auch nur im Lande ein Torfhorizont, eine Gyttja oder etwas ähnliches entdeckt werden, kann man sicher sein, daß in kürzester Zeit mittels pollenanalytischer Methoden eine Profilgliederung und -deutung vorgenommen wird. Prof. Dr. W. SZAFER, Kraków, seine Gattin sowie zahlreiche Schülerinnen und Schüler widmen sich der Floren- und Vegetationsgeschichte des Pleistozäns und haben darin hervorragende Erfolge erzielt.

Alles in allem darf der VI. INQUA-Kongreß in Warszawa 1961 als voller Erfolg gebucht werden, nicht nur in wissenschaftlicher Hinsicht, sondern auch deshalb, weil die Quartärgeologen aus aller Welt über die Unterschiede in ihren weltanschaulichen und politischen Auffassungen hinaus eine große Familie bildeten und in erfreulicher Eintracht, trotz oft harter fachlicher Diskussionen, ein nachahmenswertes Beispiel für eine friedliche Koexistenz boten. So konnten von jedem Teilnehmer zahlreiche neue Kontakte geknüpft und alte Bekanntschaften erneuert werden. In wissenschaftlicher Hinsicht zeigte es sich, wo die zukünftigen Aufgaben der Quartärforschung liegen, was vordringlich zu tun und wie notwendig eine enge Zusammenarbeit, besonders der benachbarten Länder, ist, damit Doppelarbeit vermieden wird und die Einstufung der Schichtenfolgen und Erscheinungen zu klaren Ergebnissen führt.

Die Verwendung der Ihagee-Lichtmeßeinrichtung bei mineralogischen und geologischen Fotoobjekten[1]

KARL ZASTROW, Berlin

(Mitteilung aus dem Zentralen Geologischen Institut der Staatlichen Geologischen Kommission, Berlin)

Bei Aufnahmen mit dem Mikroskop und der Kleinbildkamera, sowohl bei Schwarzweiß- als auch bei Farbaufnahmen, ist die genaue Belichtungszeit für die verschiedensten Filmarten, die meist unterschiedliche Lichtempfindlichkeit besitzen, oft schwierig zu bestimmen. Dies gilt neben den Mikroaufnahmen (Auf- oder Durchlicht) auch für Makroaufnahmen. Standardbelichtungszeiten gibt es im allgemeinen nicht. Falsche Belichtungszeiten zeigen im Positiv meist nicht das richtige mikroskopische Bild. Bei einer genauen Belichtungszeit hingegen kann man — wenigstens soweit es die Fotografie zuläßt — mit einer realen Wiedergabe rechnen.

[1]) Eingang des Manuskripts in der Redaktion: 28. 3. 1962

Zur Feststellung der genauen Belichtungszeiten wurde im Ihagee-Kamerawerk, Dresden, die Lichtmeßeinrichtung VARILUX geschaffen, die in Verbindung mit einem Galvanometer für die Ihagee-Kameras EXAKTA-VAREX, EXA I und EXA II bestimmt ist. Die Auswertung der Galvanometermeßergebnisse setzt, wie im Prospekt angegeben wird, eine Serie von Probeaufnahmen mit abgestuften Belichtungszeiten voraus.

Die Anwendung der Lichtmeßeinrichtung

Die Lichtmeßeinrichtung (LME) kann durch Bajonettverschluß an der Kamera befestigt werden (Abb. 1). Ihr

Abb. 1. Lichtmeßeinrichtung mit MF-Stativ des VEB Carl Zeiss, Jena

wichtigstes Teil, die Selenzelle, die mit einem möglichst hochempfindlichen Galvanometer verbunden ist, wird zum Messen in den Strahlengang der Optik eingeschoben und vor der Aufnahme wieder zurückgezogen. Die Lichtmarke zeigt an der Skala des Galvanometers die Stärke des entstandenen Stromes an. Bei den Arbeiten wurde ein Galvanometer mit einem Innenwiderstand von R-222 K/V vom VEB Gerätewerk Karl-Marx-Stadt benutzt und zum Messen der 500-mV-Bereich verwendet. Noch geeigneter ist wegen seiner hohen Empfindlichkeit das Skalengalvanometer vom VEB Carl Zeiss, Jena.

Die LME hat eine Stärke von 10 mm und wirkt zugleich als Tubusverlängerung. Sie kann für die Auf- oder Durchlichtmikroskopie mit Geräten des VEB Carl Zeiss, Jena, VEB Rathenower Optische Werke sowie von Leitz, Wetzlar, angewandt werden. Dabei sollten die Kombinationen der Miflexeinrichtung sowie das Vielzweckgerät mit Balgenauszug vom Ihagee-Kamerawerk, Dresden, Beachtung finden.

Eine wesentliche Erleichterung der Arbeiten läßt sich durch Befestigen der LME im Sucherschacht an dem vom Ihagee-Kamerawerk herausgebrachten Lupeneinsatz erreichen (Abb. 2). Dabei werden an Stelle der Optik zwei gegeneinandergeschraubte Doppelbajonettringe am Lupeneinsatz befestigt, an denen die LME angebracht wird. Nach der Lichtmessung ist dann nur die Selenzelle aus dem Strahlengang herauszuziehen und nochmals die Scharfeinstellung zu kontrollieren.

Die LME ist für die Ihagee-Kameratypen entwickelt worden. Durch Anbringen einer besonderen Verschraubung am Sucher kann sie auch bei der PRAKTISIX-Kamera verwendet werden. Abb. 2 zeigt die Befestigung am Lichtschacht der Kamera.

Ein Bajonettring wird auf eine Metallplatte geschraubt, die dann wie der Sucher auf die Kamera aufgeschoben wird. Obwohl die Selenzelle für die Größe der Kleinbildkamera gedacht ist, reicht ihr Durchmesser erfahrungsgemäß aus.

Das Testen des Aufnahmematerials

Beim Testen und bei den späteren Aufnahmen muß mehr als bei normalen Arbeiten besonderer Wert auf konstante Versuchsbedingungen gelegt werden.

Da die richtigen Belichtungszeiten nur ganz geringe Toleranzen bei der Blendeneinstellung erlauben, ist ihre Kenntnis von großer Wichtigkeit. Dies gilt auch für Makroaufnahmen mit dem Vielzweckgerät in Verbindung mit Mikrotaren. Die erhaltenen Meßergebnisse sind für jede Gerätekombination verschieden, und der Test muß in jedem Fotolabor wiederholt werden.

Beim Fotografieren mit dem Mikroskop sollte ein Regeltrafo benutzt werden. Dadurch läßt sich die Lichtintensität so regulieren, daß der Lichtpfeil des Galvanometers auf eine bestimmte Zahl einspielt. Gegebenenfalls kommt man auch ohne Regeltrafo aus, indem mit der Aperturblende, der Leuchtfeldblende oder durch Filter das Licht reduziert bzw. erhöht wird. Allerdings sind hier durch das KÖHLERsche Beleuchtungsprinzip gewisse Grenzen gesetzt. Bei den Versuchen beginnt man mit einem orientierenden Test über die gesamte Skalenbreite des Galvanometers, indem man nach Erhöhung der Lichtintensität (durch entsprechende Regulierung mit dem Trafo) im Abstand von zehn Teilstrichen jeweils eine Aufnahme anfertigt — etwa bei den Skalenteilen 1 ... 11 ... 21 usw., wobei immer mit der gleichen Zeit, z. B. 1/5 sec, belichtet wird.

Stellt man nach dem Entwickeln fest, daß alle Aufnahmen entweder über- oder unterbelichtet sind, so wird mit einer neuen orientierenden Testreihe mit anderen Belichtungszeiten begonnen (es wird also entweder mit kürzeren, z. B. 1/10 oder 1/25 sec, oder mit längeren Zeiten belichtet).

Wurde durch diese Vorversuche die mögliche Über- und Unterbelichtung so weit eingeengt, daß ein Teil der Aufnahmeserie überbelichtet, ein anderer Teil unterbelichtet ist, setzt man eine spezielle Versuchsreihe an, in der bei konstanter Zeit nur die Lichtintensität im ermittelten Intervall um etwa einen Teilstrich je Aufnahme verändert wird. Von dieser letzten Aufnahmeserie ist dann das richtig belichtete Negativ auszusuchen; bei weiteren Aufnahmen gilt für die Belichtung immer der Zeigerausschlag, bei dem dieses Negativ belichtet wurde. Die anderen Filmsorten mit den verschiedenen DIN-Graden werden genauso getestet.

Eine gewisse Toleranz der Belichtung ist bei Schwarzweißfilmen gegeben, da hier mit den verschiedenen Härtegraden des Fotopapiers geringe Über- oder Unterbelichtungen im Negativ ausgeglichen werden können. Für Farbaufnahmen gilt das nicht; da bei diesem Filmmaterial kein Belichtungsspielraum vorhanden ist, kommt es auf eine besonders genaue Einstellung an. Die Annahme, daß ein Farbfilm mit der gleichen angegebenen Empfindlichkeit wie ein Schwarzweißfilm die gleiche Belichtungszeit erfordert, ist falsch.

Als Aufnahmegegenstand für alle Versuchsreihen dienten Kohle- und Erzanschliffe sowie Salz- und Gesteinsdünnschliffe im orthoskopischen Strahlengang mit parallelen oder gekreuzten Nicols.

Gute Ergebnisse wurden beim Farbpositivfilm der sogenannten Durchlaufkopie und bei Duplikatpositiven vom Agfacolor-Umkehrfilm erzielt (natürlich durch Vorschalten der entsprechenden Farbfilter) (LÜHR u. a. 1958).

Wird beim Fotografieren eine Quecksilber-Hochdrucklampe oder eine Xenonlampe als Lichtquelle verwendet, so ist es nicht möglich, mit einem Regeltrafo zu arbeiten. Durch Einblenden von Sperrfiltern muß ein besonderer Test durchgeführt werden.

Manchmal kann bei Farb- oder Schwarzweißreproduktionen nur mit der Kameraoptik gearbeitet werden, weil die durch das Vorschalten der LME entstandene Wirkung eines Zwischenringes nicht tragbar ist. Um trotzdem richtige Belichtungswerte zu erhalten, muß die LME zuerst aufgeschraubt, das Bild scharf eingestellt und dann der Lichtwert reguliert werden. Nach Notieren der genauen Blendeneinstellung entfernt man die LME, stellt erneut scharf ein und belichtet.

Abb. 2. PRAKTISIX-Kamera mit Lichtmeßeinrichtung an Stelle des Lichtschachtes. Die Befestigung an der Kamera ist hier deutlich sichtbar.

Die in der Abteilung Petrographie und Mineralogie des Zentralen Geologischen Instituts durchgeführten Versuchsreihen und Untersuchungen brachten gute Ergebnisse. Um rationell arbeiten zu können, empfiehlt sich die Anschaffung einer derartigen Lichtmeßeinrichtung.

Literatur

LÜHR, F., A. NÜRNBERG & H. SCHRADER: Agfacolor, Material und Verarbeitung. — VEB Fotokinoverlag Halle, Halle (Saale) 1958.

WATTER, O.: Farben — Foto — Praxis. — VEB Wilhelm Knapp Verlag, Halle (Saale) 1955.

Lesesteine

Über die beruflichen Aussichten der Geologen in der amerikanischen Erdölindustrie[1])

Eine Kommission der American Association of Petroleum Geologists untersuchte die Gründe für die seit Anfang 1960 zu beobachtende Verschlechterung der Beschäftigungslage für Geologen in der USA-Erdölindustrie.

1961 waren 506 beschäftigungslose Geologen registriert. Als beschäftigungslos sind weiterhin rd. 2000 Hochschulabsolventen zu rechnen, die sich zur weiteren wissenschaftlichen Graduierung entschlossen haben, da sie keine passende Stellung in der Industrie erhalten konnten, so daß die Zahl der beschäftigungslosen Geologen mit rd. 2500 angegeben werden kann.

Diese Zahl ist noch unvollständig, da eine Anzahl von Geologen ohne Berufsverhältnis als sogenannte Konsultanten tätig sind, die sich als freiberuflich tätig bezeichnen, während sie tatsächlich auf eine passende Anstellung in der Industrie warten. Für eine Analyse des Bedarfs der Industrie an ausgebildeten Geologen ist das Ergebnis einer Umfrage an die Hochschulen bemerkenswert, die auf Grund der unterhaltenen Kontakte mit ihren Absolventen feststellten, daß nur etwa die Hälfte der ausgebildeten Geologen in ihrem Beruf untergekommen und tätig sind.

Das Verhältnis zwischen Neueinstellungen von Geologen und den jährlichen Abgängen (Tod, Alter und Entlassungen) hat sich in den letzten 10 Jahren (1950—1960) ständig verschlechtert. Die Zahl der Einstellungen stieg nach Beendigung des Koreakonfliktes zwischen 1953 und 1957 von rd. 1200 auf 1700 Geologen jährlich und ist seither auf etwa 300 gesunken. Es wird nach Angabe der Industrie damit gerechnet, daß sie bis 1965 auf höchstens 600 Einstellungen jährlich steigen wird.

Die Zahl der Abgänge dagegen ist in der Berichtszeit nahezu stetig von 500 auf 1000 im Jahr gestiegen. Dabei ist zu beachten, daß die Zahl der insgesamt in der Industrie beschäftigten Geologen 1960 etwa 12000 betrug.

Die Zahl der beschäftigten Geologen wird sich nach Ansicht der Industrievertreter in den nächsten fünf Jahren stetig verringern. Die Universitäten erwarten in dieser Zeit eine Zunahme der Einschreibungen; für 1965 rechnet man mit insgesamt 9000 Studenten (Geologie und Geophysik), und damit wird das bisherige Maximum von 1958 (8000) überschritten. Dieser Zuwachs wird auf Grund der Zunahme der Bevölkerung der USA nach dem 2. Weltkrieg erwartet.

Die Berichterstatter dagegen sind der Meinung, daß bei Fortbestand der schlechten Unterbringungsmöglichkeiten für Absolventen des Geologiestudiums der Andrang wesentlich unter den Erwartungen der Universitäten liegen wird. Sie sprechen die Befürchtung aus, daß bei Fortsetzung der gegenwärtigen Tendenzen in der Berufsentwicklung für Geologen wichtige Erkundungsprogramme in der Zukunft aus Mangel an Geologen mit großen Berufserfahrungen gefährdet seien.

Es wird eine Koordinierung zwischen den Anforderungen der Industrie und den Ausbildungsplänen gefordert, um einen verschwenderischen Überfluß oder einen kritischen Mangel an ausgebildeten Geologen zu vermeiden. E. LEWIEN

[1]) ORLO E. CHILDS: History and Forecast of Geological Training and Employment. — Bull. Am. Ass. Petr. Geol., August 1961, Vol. 45, S. 1461—1470.

Besprechungen und Referate

HERBERT, CH. F.

Prospecting and Politics

„Min. Eng." Vol. 13 (1961), Nr. 12, S. 1326—1328

Obwohl Alaska das Land der letzten großen Goldfieber war und mit der Alaska-Juneau eine Zeitlang die Goldtiefbaugrube besaß, die sich der niedrigsten Gestehungskosten rühmen konnte, ferner in der alten Kennecott-Kupfergrube die Stammgrube der bedeutendsten Kupfergrubengesellschaft, der Kennecott Copper Corp., aufweist und schließlich bei weitem noch über ausgedehnteste, noch nicht erkundete Gebiete verfügt, findet es doch bei Prospektoren nur wenig Beachtung. Die meisten lassen sich von der Vorstellung abhalten, daß Alaska ein unzugängliches, klimatisch ungünstiges Land ist, in dem nur die seltenen reichen Lagerstätten mit Vorteil ausgebeutet werden können.

Der Verf. ist der Meinung, daß es mit der Unzugänglichkeit nicht so schlimm ist, da Alaskas Küste stark gegliedert ist und 60% des Landes nicht weiter als 600 km von einem eisfreien Hafen entfernt sind, sogar 90%, wenn man die nur zeitweise benutzbaren Häfen am Beringmeer mit einschließt. Außerdem sind die größeren Flüsse Yukon-Tanana und Kuskokwim River auf lange Strecken schiffbar. Die seit 1923 betriebene Eisenbahn von Seward über Anchorage nach Fairbanks soll an der N-Flanke der Alaska-Kette nach Osten verlängert werden. Das Straßennetz wird mit amerikanischen Staatsmitteln in schnellem Tempo ausgebaut.

Angesichts der zunehmenden Unsicherheit von Roherzlieferungen aus anderen Ländern (Kuba, Afrika) und der Tendenz in vielen Ländern, die Roherze selbst zu verarbeiten (Chile, Kanada), wird eindringlich auf die Tatsache hingewiesen, daß Alaska letztlich USA-Boden ist und dieser Vorteil auf lange Sicht die 25—35% höheren Gestehungskosten aufwiegen wird.

Grundsätzlich sind in Alaska alle Methoden der Erkundung anwendbar, von der Geophysik vom Hubschrauber aus bis zur alten Prospektorenmethode des Verfolgens von Goldspuren und Schwermineralen in den Flüssen und Bächen.

Für die Geophysik gibt es jedoch in Alaska noch einige Besonderheiten zu berücksichtigen. Einmal hat die Häufigkeit graphitischer Zonen in manchen metamorphen Schichtenfolgen die Deutung vielfach sehr erschwert. Ebenso ist man mit den Problemen des Dauerfrostbodens noch nicht fertig geworden.

Die geochemische Prospektion gibt bei Verwitterungsböden gute Resultate, geringere in fluviatilen Sedimenten. Aussichtslos sind geochemische Untersuchungen in glazialen Böden, während für den gefrorenen Schlamm, der viele Täler und Hügel bedeckt, noch keine Erfahrungen vorliegen.

Hydrogeochemische Untersuchungen scheinen in Alaska im besonderen wertvolle Ergebnisse zu bringen. Es zeigte sich, daß im Winter unter dem Eis genommene Wasserproben offenbar konzentrierter waren und sich besser für geochemische Karten verwenden ließen als im Sommer genommene Proben.

Ein mit der Sicherschüssel arbeitender Prospektor muß die Erscheinungen des Bodenfließens und die mit der alten Vergletscherung zusammenhängenden Ablagerungen richtig beurteilen können. Eine für die Prospektion in einem Gebiet, in dem der Untergrund durch eine starke Bodenbildung oder Sand- und Kiesbedeckung verhüllt ist, günstige Erscheinung ist das sog. boil hole, ein Frostaufbruch, in dem Material der unterlagernden Gesteine mit nach oben gebracht wird. Da der größte Teil Alaskas mit geringmächtigen Deckschichten bedeckt ist, müssen Frostaufbrüche, Felsstürze oder Hangrutsche, Einschnitte in Bächen und Flüssen nach

Aufschlüssen des festen Untergrunds untersucht werden. Andernfalls müssen Schürfe oder Handbohrungen niedergebracht werden. Leichte motorisierte Bohrgeräte haben sich für ein beschleunigtes Abbohren höffiger Gebiete sehr bewährt.

Obwohl die Geländearbeiten für die Erkundung im allgemeinen nur in den wenigen Sommermonaten durchgeführt werden können, lassen sich doch im Winter eine Reihe von Arbeiten, wie der Transport von schwerem Gerät und Ausrüstungsgegenständen, durchführen, die sich oft im Sommer nicht heranbringen lassen. Gefrorene Seen bieten im Winter gute Landeplätze für große Lastflugzeuge, wo im Sommer nur Wasserflugzeuge eingesetzt werden können.

Zweifellos sind die Prospektionsarbeiten in Alaska mit zusätzlichen Schwierigkeiten belastet, aber bei der bedeutenden Ausdehnung des größtenteils noch unbekannten Gebietes sind doch noch zahlreiche Entdeckungen zu erwarten, die den höheren Einsatz lohnen werden. H. Reh

Paläogeographie und Genese der Eisenerzvorkommen des Dogger β von Etzel-Friedeburg in Ostfriesland und Staffhorst bei Nienburg

„Z. deutsch. geol. Ges.", Jg. 112 (1960), S. 150–163

In dem tonigen Faziesgebiet des unteren Doggers Nordwestdeutschlands sind an der Basis des Dogger β häufig eisenoolithische Erze verbreitet. Die Erzprofile zeigen untereinander bemerkenswerte Ähnlichkeiten. Sie sind charakterisiert durch sideritisch-chamositische, teils dichte, teils oolithische Erze, die in den mächtigeren und qualitativ besseren Bereichen magnetitische oder hämatitische Erzlager einschließen. Bemerkenswert ist ein konglomeratischer Lagerteil im obersten Teil des Erzhorizontes (Dachkonglomerat). Die Lagerstätten sind geochemisch zonar gegliedert und nach ihrer Abbohrung qualitativ und quantitativ klar erfaßbar. Sie stellen wegen ihrer hohen Fe- und geringen SiO_2-Gehalte eine wichtige, bisher noch unerschlossene Reserve dar.

Die Erzoolithe von Etzel-Friedeburg sind in ihrer mächtigen und qualitativ bauwürdigen Ausbildung an die Randsenke des Salzstockes von Etzel gebunden (Typ Friedeburg). Die Erzsubstanz stammt von abgetragenen und aufbereiteten Liasschichten des Salzstockes, der während einer eruptiven Aufstiegsphase von dem transgredierenden Dogger β überflutet wurde. Geringmächtiger, aber weiträumiger verbreitet sind die Erzoolithe von Staffhorst, die in dem Senkungsbereich zwischen allmählich aufsteigenden Strukturen abgesetzt wurden (Typ Staffhorst). Die Entstehung der Dogger-β-Erze ist vermutlich auf ähnliche Ursachen zurückzuführen: aufsteigende, halokinetisch bedingte Strukturen und die regional verbreitete Transgression zu Beginn des Dogger β, die auf diese Hebungs- und Liefergebiete übergreift. Dressel

P. Salas

Bauxitlagerstätten in Haiti und Jamaika

Univ. Nat. Aut. de Mexico, Vol. 59 (1959), Inst. Geol., Mexico

Verf. schildert ausführlich die Bauxitlagerstätten von Haiti und Jamaika, um Unterlagen für entsprechende Sucharbeiten in Mexiko zu gewinnen.

Zur Genese der bekannten Lagerstätten auf den Karibischen Inseln stellt Salas fest, daß die Bauxite an das regionale Zusammentreffen von Kalken und Eruptivgesteinen (auch Tuffen) gebunden sind. Er leitet die Entstehung der Bauxite von diesen ab und tritt damit in Gegensatz zu der sonst üblichen These von der Auslaugung großer Kalkmengen. Als Begründung für seine Ansicht führt er an:

1. die Unmöglichkeit der Auflösung solch ungeheurer Kalkmengen, daß allein in Jamaika mehrere 100 Mill. t Bauxit übrigbleiben (Haiti = ca. 30 Mill. t Vorräte);
2. das Mißverhältnis des unlöslichen Rückstandes der Kalke von weniger als 1% gegenüber der tatsächlich verbliebenen Masse, andererseits aber eine gewisse Übereinstimmung der Schwermineralien im Bauxit und in den Tuffen;
3. die stets scharfen Trennflächen Bauxit zu Kalkuntergrund und das Fehlen jeglicher Übergänge;
4. die relative Unreinheit der tieferen Teile der Bauxitlager gegenüber den höheren.

Zu den Bildungsbedingungen werden vom Verf. folgende Ausführungen gemacht:

1. Zur gesamten Bildungszeit hat tropisches Klima geherrscht.
2. Es müssen primär Gesteine vorhanden gewesen sein, die unter den Bedingungen eines Wechselklimas Restprodukte mit hohem Aluminium- und geringem Siliziumgehalt ergaben.
3. Die Mitwirkung natürlicher chemischer Reaktionen wird verlangt, wobei es zur Desintegration der Silikate und zur Abtrennung des Siliziums kam.
4. Bestimmte topographische Bedingungen ermöglichten die Zirkulation der Lösungen, die letztlich zur Trennung der Substanzen führte.
5. Die Gesteine des Untergrundes müssen besondere Eignung zur Filtration der Residualprodukte aufweisen.

Bei den besprochenen Lagerstätten handelt es sich um eine besonders typische Form des „Terra-rossa"-Bauxits, also ein Ergebnis lateritischer Verwitterung. Mineralogisch bestehen sie vor allem aus Gibbsit, in wechselnder Menge vermischt mit Boehmit. Beide Mineralien bauen das Gestein zu 60–70% auf. Der Siliziumanteil liegt gewöhnlich unter 5%. Als Beimengungen sind Oxyde des Vanadiums, Zirkoniums, Chroms und einiger anderer Metalle bekannt. Die Verunreinigung liegt bei 0,1%. Die Dichte bergfeuchten Bauxits wird mit ca. 2,8 angegeben; für einmal vorgetrockneten Bauxit wird der Wert 1,4–1,7 genannt. Den Vorratsberechnungen liegt die Zahl 1,250–1,300 kg/m³ zugrunde. Für eine t metallischen Aluminiums benötigt man 6 t Jamaika-Bauxit (aber nur 4 t Guayana-Bauxit).

Die Topographie scheint einen nicht unbedeutenden Einfluß auf die Lagerstättenbildung und auf den Lagerstätteninhalt gehabt zu haben. Die Lagerstätten im Karibischen Raum treten zwischen 70 und 1000 m über NN auf, wobei die besten industriellen Vorräte immer in einer Höhenlage über 300 m gefunden werden. K. Kauter

Zagrodzki, S.

Weltvorräte an kohlenstoffhaltigen Brennstoffen

BWK, Jg. 13 (1961), S. 529–531

Unter der Voraussetzung, daß die Erdatmosphäre ursprünglich frei von Sauerstoff gewesen ist, wie es auch A. I. Oparin in seinen Hypothesen über die Entstehung des Lebens annimmt, und daß der gesamte freie Sauerstoff der Luft aus der Photosynthese der Pflanzen stammt, entwickelt Verf. aus den in der Natur stattfindenden biochemischen Umwandlungen Schlußfolgerungen über die durch Photosynthese entstandene und in den Brennstoffvorräten der Erdrinde gespeicherte Kohlenstoffmenge und deren gesamten Heizwert. Die Menge des Kohlenstoffs, die in unverbrannten organischen Verbindungen auftritt, entspricht der Menge des freien Sauerstoffs, die während der Photosynthese in die Atmosphäre entweicht. Da nun ein großer Teil der aus Pflanzen und Tieren entstandenen organischen Verbindungen unter der Erdoberfläche als Brennstoff gespeichert wurde, muß der nicht wieder zur Verbrennung solcher Verbindungen verbrauchte Anteil des freien Sauerstoffs der Menge des unverbrannten Kohlenstoffs in der Erdrinde proportional sein. Kurz, die gespeicherte Brennstoffmenge, so folgert Verf., müsse der Sauerstoffmenge der Erdatmosphäre genau entsprechen. Wenn man diese berechnet — Verf. schätzt sie auf $1{,}107 \cdot 10^{15}$ t — und ferner annimmt, daß 1000 kg Sauerstoff zur Verbrennung von im Mittel etwa 400 kg der Brennstoffe der Erdrinde nötig sind, wobei 1 kg Sauerstoff folgende Energiemengen erzeugt:

bei Braunkohle	2942 kcal
bei Steinkohle	3084 kcal
bei Erdöl	3217 kcal
bei Erdgas	3340 kcal

so könne man die Brennstoffvorräte der Erdrinde und auch deren Heizwert bestimmen. Verf. berechnet sie auf $0{,}45 \cdot 10^{15}$ t mit einem Gesamtheizwert von etwa $3{,}4 \cdot 10^{21}$ kcal. Dabei sind freilich die unter Meeren und in unzugänglichen Tiefen lagernden Vorräte einzubeziehen. Die bisher geschätzten Vorräte betragen weniger als 2,5% der aus dem Luftsauerstoff errechneten Brennstoffmenge. Verf. nimmt an, daß etwa 10% aus den mit technischen Mitteln erreichbaren Tiefen möglicherweise gewinnbar seien. Die Gesamtvorräte der Erdrinde schätzt er auf etwa das 40fache der bisherigen Schätzungen. Diese differieren z. T. erheblich. Sie betragen z. B. für Braunkohle in 10^9 t (Schätzung von 1953)

Europa	154
Amerika	708
Asien	296
Afrika	0,2
Australien	41,8
Insgesamt	1200

für Erdöl	1948	1955
Amerika	4,95	6,40
Naher Osten	2,64	13,20
Ferner Osten u. Afrika	0,18	0,37
Westeuropa	0,03	0,11
UdSSR und Osteuropa	1,13	1,42
Insgesamt	8,93	21,50

H. HAVEMANN

WARING, C. L. & H. W. WORTHING

Mikrospektrochemische Analyse von Mineralien

„Am. Min.", Vol. 46 (September—Oktober 1961), 4 Tab., S. 1177—1186

Das beschriebene Spektralverfahren ist speziell für die Bestimmung von Haupt- und Nebenbestandteilen kleiner Substanzmengen ausgearbeitet worden. Es ist für Spurenbestimmungen nicht geeignet, da die Kenntnis von Spurenbeimengungen für die Mineralidentifizierung von untergeordneter Bedeutung ist. Die Problematik der Aufgabenstellung bestand darin, mit einer einzigen Spektralaufnahme von ca. 1 mg Substanz (u. z. T. weniger) einen möglichst großen Bereich des Spektrums (2000—10000 Å) und damit alle wesentlichen Elemente zu erfassen.

Eine besondere Plattensorte mit einer Spezialemulsion genügte diesen Anforderungen nicht, da z. B. bei einer Probe B, Si, Be und andere Elemente im UV-Gebiet ausreichend angeregt werden, für K, Na, Li, Rb und Cs im langwelligen Teil des Spektrums jedoch eine Überbelichtung entsteht. Auch die Verwendung von Filtern brachte keine befriedigende Lösung. Sie wurde in der Entwicklung eines „Spezialschlittens" gefunden. Dieser „Schlitten", im Plattenhalter angebracht, erlaubt eine zeitlich unterschiedliche Belichtung verschiedener Wellenlängenbereiche eines Spektrums. Somit ist die Möglichkeit gegeben, mit einer Spektralaufnahme über einen großen Wellenlängenbereich ein brauchbares Spektrum zu erhalten. Es können 68 Elemente bestimmt werden.

Die Aufnahmedaten zu diesem Verfahren:

Verwendetes Aufnahmegerät:	Mittlerer Quarzspektrograph, 4,6 Å/mm bei 2500 Å, 11,5 Å/mm bei 7000 Å, mit Spezial-„opak-Schlitten" im Plattenhalter
Anregungsquelle:	Quecksilbergleichrichter, 220 V, max. 15 A, geglätteter Bogen; regelbar für 2,4 und 9 A
Filter:	Neutralfilter
Stromstärke:	8—9 A
Belichtungszeit:	insgesamt 80 sec, das „Spezialfenster" an der Kassette wird nach 22 sec geöffnet und nach der 62. sec geschlossen
Optik:	Bogen auf die Kollimatorlinse fokussiert
Spaltöffnung:	10 µ
Elektrodenabstand:	5—6 mm
Spektralkohlen:	0,25 in. × 1,5 in.
	Probeelektrode: Krater
	Außen-∅ 0,223 in.
	Innen-∅ 0,193 in.
	Tiefe 0,180 in.
	Außenabsatz unterhalb des Kraterrandes 0,44 in.
	Gegenelektrode: ∅ 0,25 in.
	Halbkreisförmig abgeschliffen
Emulsion:	I-N (Eastman)
Entwicklung:	4 min bei 18°C (± ½°C), D 19
Auswertung:	Doppelprojektor 20fach

Eichsubstanzen

Die Vergleichssubstanzen stellen in ihrer Grundsubstanz einen Pegmatit-Typ dar und basieren auf folgender Mischung:

60 Teile gereinigter Quarz
40 Teile Mikroklin
1 Teil Fe_2O_3

Die Zusatzelemente wurden als reine Oxyde, fein zerkleinert, zugegeben. Zur Bestimmung von 68 Elementen wurden 20 Stammstandards hergestellt, die mit der Grundsubstanz wie folgt abgestuft wurden:

10%; 5,6%; 1,8%; 0,56%; 0,18%; 0,056%; 0,018%.

Diese Elementabstufungen stellen etwa die Konzentrationsmitten von 10 zu 3%, 3 zu 1% usw. dar, die dann als Analysenresultate angegeben werden. Die Elementgruppierungen der 20 Standardsubstanzen werden angeführt.

Von jeder Elementgruppe werden Standardplatten angefertigt, so daß bei der Analysierung unbekannter Substanzen keine Eichproben, sondern nur zwei Bezugsspektren (eine Al-Legierung und reines Fe) aufgenommen werden. Von den Eichsubstanzen wird bei der Standardplattenherstellung 1 mg abgewogen und mittels eines Stahltrichters in die Elektrodenöffnung übergeführt. Danach wird die so vorbereitete Kohle bei 8—9 A und 220 V bis zur vollständigen Verdampfung der Eichsubstanz analysiert.

Diese spektralanalytische Methode wird zweckmäßigerweise oft in Kombination mit Röntgendiffraktionsmethoden angewendet. War sehr wenig Substanz vorhanden, so hat auch die abgewogene Röntgenspindel (enthält z. T. weniger als 0,01 mg Probepulver) zur Mineralidentifizierung geführt. Die Analysenresultate von Substanzmengen, die weniger als 1 mg betragen, werden durch einen geeigneten Faktor berichtigt.

In dieser Arbeit ist eine ausführliche Wellenlängentabelle für 68 Elemente mit 502 wichtigen Nachweislinien enthalten. Ebenso sind für dieses spezielle Spektralverfahren die erreichten Nachweisgrenzen angegeben.

Ein Vergleich mit chemischen Resultaten wird an 7 Mineralbestimmungen vorgenommen. Endgültige Aussagen bei einer Mineralidentifikation werden erst anhand der Ergebnisse der Spektralanalyse, der Röntgenuntersuchung und evtl. chemischer Resultate gemacht. Dieses Verfahren ist besonders wertvoll, wenn es sich um die Bestimmung undefinierter Mineralien oder metamikter Verbindungen handelt. ALICE D. WEEKS führt im Anschluß an diese Arbeit fünf Beispiele an, bei denen diese spektralanalytische Methode entscheidend zur Mineralidentifizierung beigetragen hat. Es sind U-, Th-, Seltene-Erden- und V-Mineralien.

R. SCHINDLER

STEVENS, W. F. & G. THODOS

Neue Methode zur Ermittlung der primären Ölvorräte

„World Oil", Vol. 153 (1961), 7, S. 113—115

Die Verf. geben eine Extrapolationsformel für die Ermittlung der ausbeutbaren Vorräte. Sie lautet

$$q = M \log t + K \quad (M \text{ und } K \text{ Faktoren, } t = \text{Zeit})$$

und beruht auf dem normalerweise logarithmischen Abfall der Produktion. Die Fördermengen gegen die Zeit aufgetragen ergeben daher eine gerade Linie auf halblogarithmischem Papier, aus der man M und K der obigen Geradengleichung ermitteln kann. Die totale Produktion ist dann

$$Q = q_1 + q_2 + \cdots q_n$$

wobei q_n die wirtschaftliche Grenze darstellt. Daraus wird eine einfache Formel aufgestellt und ihre Anwendung an einem Beispiel erläutert.

R. MEINHOLD

THOMEER, J. H. M. A. & J. A. BOTTEMA

Zunehmendes Auftreten abnorm hoher Lagerstättendrücke in Bohrungen und die daraus resultierenden bohrtechnischen Probleme

„Bull. Am. Assoc. Petr. Geol.", Tulsa, Vol. 45 (1961), S. 1721 bis 1730

Unter normalen Bedingungen sind die Lagerstättendrücke nahezu hydrostatisch und lassen sich mit Spülungen von der Dichte 1,2 beherrschen. Es gibt aber viele Ausnahmen, wo Drücke bis fast zur Größe des Überlagerungsdruckes (2,2 bis 2,4 des hydrostatischen) auftreten. Normalerweise wird der Überlagerungsdruck vom Gesteinsgerüst aufgenommen. Wenn bei der Kompaktion (Porenverkleinerung) ein Ausgleich möglich ist, bleibt der Druck hydrostatisch. Ist das aber nicht möglich, wenn z. B. die Schicht in eine impermeable Umgebung eingeschlossen ist, dann muß der Druck in den Poren stark ansteigen. Das gilt z. B. für Lagen im Steinsalz. Derartige Gesteine können nicht verfestigt werden, beim Anbohren quellen sie unter hohem Druck ins Bohrloch. Man kann diesem Druck mit höheren Spülungsdichten begegnen; das Problem dabei aber ist, daß bei Dichten die sich 2,2 oder 2,4 nähern, leicht ein Frac-Effekt auftreten kann, der zum völligen Spülungsverlust führt. In Gebieten mit tektonisch vermindertem Überlagerungsdruck kann das schon bei geringeren Spülungsdichten geschehen. Bei Drükken von 80—90% des Überlagerungsdruckes sind die Schwierigkeiten fast immer zu meistern, für darüberliegende Drücke existiert noch keine Lösung des Problems. Die Autoren geben Beispiele aus Westdeutschland (Cismar), Neuguinea und Westpakistan, die zeigen, wie man mit den Schwierigkeiten fertig wurde bzw. nicht fertig wurde. Wenn nur die produzierende Schicht den gefährlichen Druck über 90% petrostatisch hat, kann man vorher verrohren, dann weiterbohren, das Gestänge im Loch lassen, Preventer schließen und das Gestänge als Liner benutzen, bis der abgefallene Druck Totpumpen gestattet. Tritt der gefährliche Druck schon darüber auf, gibt es noch keine Lösung.

R. Meinhold

Dewan, J. T., O. L. Stone & R. L. Morris

Chlorine logging in Cased Holes

„Journ. of Petrol. Technol.", Vol. 13, S. 531—537, Dallas 1961

Das Chlorlog, über das bereits früher berichtet wurde und das auf der Registrierung von sekundärer Gammastrahlung des Chlors beruht, die durch den Einfang thermischer Neutronen erzeugt wird (Z. angew. Geol., **7**, S. 266, Berlin 1961), ist weiter verbessert und in vielen Bohrungen erprobt worden. Während das ältere Gerät empfindlich war für die Gesamtmenge an Cl im Gestein, spricht das neuere hauptsächlich auf die Konzentration der Porenflüssigkeit an und ist wenig abhängig von der Porosität. Dadurch ist eine direkte Bestimmung der Ölsättigung möglich, wenn die Salinität des Schichtwassers bekannt ist. Besonders bei hohen Konzentrationen von 25000 bis 100000 mg/l ist die Abhängigkeit von der Porosität nur noch gering, besonders wenn die Verrohrung mit Süßwasser oder Luft gefüllt ist. Das Gerät hat einen Diskriminator, der nur ein Energieband um 8 MeV hindurchläßt. Auf diesem hohen Energieniveau stören O, Ca, Si und H nicht mehr, wohl aber spielt der Eisengehalt eine große Rolle, weil Fe in diesem Bereich eine starke Gammastrahlung aussendet. Um den noch vorhandenen Einfluß der Porosität auszuschalten, muß eine Neutronenmessung gemacht werden. Damit läßt sich auch feststellen, ob ein Gestein Ton enthält. Tone stören stark. In solchen Gesteinen sind, wie auch bei anderen Methoden, gute Sättigungswerte nicht zu erhalten. Der besondere Wert der Methode liegt in der Möglichkeit, in verrohrten Bohrungen Ölsättigung festzustellen. Bei alten Bohrungen können Störungen durch die verschiedene Zementdicke eintreten, weil sich Zement im Laufe der Zeit mit Cl-Ionen sättigen kann. In diesem Falle ist zusätzlich ein Zementlog notwendig. R. Meinhold

Gasanow, D. A. & A. W. Uschakow

Lumineszenzmethoden der Bohrlochuntersuchung

„Aserbaidshanskoje neftjanoje chosjaistwo", Vol. 40 (1961), H. 10, S. 9—12

Die Lumineszenzmethoden bilden eine sehr wertvolle Ergänzung der schon länger bekannten Bohrlochmeßverfahren und der Gaskarottage. Das Prinzip des Verfahrens besteht in folgendem: Das Meßgerät wird am Kabel angeschlossen und in die Bohrung eingefahren, wobei es ähnlich einer Mikrolog- oder Gamma-Gamma-Sonde durch eine Feder an die Bohrlochwand angedrückt gehalten wird. Durch ein Quarzfenster wird das unmittelbar anstehende Gestein mit ultraviolettem Licht bestrahlt. Das dabei an ölhaltigem Gestein entstehende sichtbare Fluoreszenzlicht fällt durch dasselbe Fenster in einen Fotoelektronen-Vervielfacher, der gegen direkte Bestrahlung durch eingebaute Filter und entsprechende geometrische Anordnung abgeschirmt ist. Dort wird die aufgenommene Lichtenergie in elektrische Signale umgeformt, die durch das Kabel zur übertägigen Meßapparatur geleitet und in der üblichen Weise als Bohrlochmeßkurve registriert werden.

Die abgebildeten und diskutierten Meßbeispiele aus aserbaidshanischen Erdölbohrungen beweisen den Wert des Verfahrens, das in etwas anderer Anordnung auch zur automatischen Registrierung des Ölgehalts der Tonspülung mittels eines in die Spülrinne eingesenkten Meßkopfes dienen kann.

K. Lehnert

Ferronskij, W. J. & B. A. Asonow

Hydraulische Herstellung von Tonspülung und die Kontrolle ihrer Dichte

„Geologický průzkum", Nr. 5, 1961, 137—138

Die normale Tongrundspülung im Bohrprozeß wird aus Tonmehl und Wasser hergestellt. In der Sowjetunion wurde eine neue Suspension mit Erfolg ausprobiert, die aus grubenfeuchtem Ton und Wasser in einem hydraulischen Tonmischer angerührt wurde. Es lassen sich ca. 2—2,5 m³ Tonspülung mit einem spezifischen Gewicht von 1,3 und 1,35 g/cm³ in einer Stunde anrühren. Die Dosierung von Ton und Wasser wird wie üblich mit dem Aräometer und erstmalig mit Gammastrahlung nachgeprüft. Die Methode der Durchleuchtung mit Gammastrahlen aus einer Kobalt-Co-60-Strahlungsquelle beruht auf der exponentiellen Abhängigkeit der Strahlungsintensität beim Durchlaufen verschiedener Dichten der Aufschlämmung. Ein solche Spezialgersät für die kontinuierliche Fernkontrolle wurde entwickelt und von den Verfassern beschrieben. Die Mischanordnung, verbunden mit diesem Meßgerät, gewährleistet eine automatische Zubereitung der Spülung, die produktiver ist und gleichmäßige Qualitäten liefert. B. Heyne

Fahlbusch, K.

Über die Verwendung von Ionenaustauschern und Chelatbildnern bei der chemischen Analyse von Sedimentgesteinen

„Jb. Geol. u. Pal.", 1961, S. 534—547

In die chemische Analyse von karbonatischen Sedimentgesteinen werden die neuen Trennungsmethoden unter Benutzung von Ionenaustauschern und Äthylendiamintetraessigsäure eingeführt, die bereits auf dem Gebiet der Gesteinsanalyse eine umfangreiche Anwendung erfahren haben und wovon üblicherweise besonders die letztere Methode (Wohlmann 1961, 1962) eingesetzt wird unter Weglassung der Ionenaustauscher. Verf. erörtert zur Trennung verschiedener Komponenten der Karbonate das von D. Jentsch und Mitarbeitern (Forschungsinstitut für NE-Metalle, Freiberg) aufgestellte Trennschema mit Wofatit L 150, sieht aber schließlich von dessen Einsatz ab, weil Sulfat stören soll und die notwendigen Molaritäten der Salzsäure schwierig herzustellen sind. Für die Trennung von Ca, Ba, Sr und Mg wird Ionenaustausch über Dowex 50 empfohlen. Eine derartige Trennung der Erdalkalien wurde im Zentralen Geologischen Institut der Staatlichen Geologischen Kommission, Berlin, vom Ref. bereits mit dem Wofatit KPs 200 auf Grund eines kurzen Hinweises in der Literatur (Lerner u. a. 1954) durchgeführt. Weitere Trennungen im Bereich der Gesteinsanalyse unter Benutzung von Ionenaustauschern wurden von H. Ungethüm (1956, 1961), E. Wohlmann (1961), G. Friese (1960) im ZGI durchgeführt. Von diesen Verf. wird auch über die Verwendung von ÄDTA in der Analyse von Gesteinen berichtet.

Die Methodik der Analyse, wie sie von Fahlbusch beschrieben wird, bietet nichts Neues. Ca und Ca + Mg werden in bekannter Weise titriert, teilweise unter Mitbenutzung von Triäthanolamin. Der für Mg benutzte Indikator wird nicht genannt. Zum Teil werden die Umschläge der Indikatoren unbefriedigend gefunden (Phtaleinpurpur). Vielfach macht Verf. ungenaue Angaben über das gleichzeitige Erfassen der Erdalkalien. Der Einsatz von Austauschersäulen ist — außer für die Trennung von Ba und Sr — nach unserer Erfahrung nicht unbedingt erforderlich. Er kompliziert, erschwert und verzögert den Analysengang unnötig. Die Nebenbestandteile können leicht unmittelbar photometrisch oder titrimetrisch bestimmt werden. Die von Verf. herangezogene Literatur umfaßt nur einen ganz geringen Teil der über die Schnellanalyse von Gesteinen veröffentlichten Arbeiten, aus denen er für seine Aufgabenstellung hätte Nutzen ziehen können.

Literatur

Friese, G.: Chemische Analyse durch Eluierung mit Chelatbildnern am Ionenaustauscher (Aluminium-, Eisen-, Calcium-Magnesiumtrennung). — Z. angew. Geol., 6, 279, Berlin 1960.

— Beitrag zur Kalkstein- und Dolomitanalyse. — Z. angew. Geol., 6, 615, Berlin 1960.

FRIESE, G. & J. OTTEMANN: Schnellbestimmung des Alkaligehaltes von Salzkohlen. – Z. angew. Geol., **6**, 117, Berlin 1960.
LERNER, M. & W. RIEMANN: Quantitative Seperation of the Alkaline Earth by Ion-Exchange chromatography. – Analyt. Chem., **26**, 611 (1954).
UNGETHÜM, H.: Über die Ionenaustauscher, ein neues Hilfsmittel in der analytischen Chemie. – Z. angew. Geol., **2**, 264–267, Berlin 1956.
– Bestimmung des Zirkoniums in rezenten Seifen, Kaolinen, Schwermineralkonzentraten usw. und anderen natürlichen Rohstoffen. – Z. angew. Geol., **7**, 422, Berlin 1961.
WOHLMANN, E.: Zinn-, Wismut- und Antimonbestimmungen in Erzen und Konzentraten mit dem Anionenaustauscher Wofatit L 150. – Z. angew. Geol., **7**, 242, Berlin 1961.
– Schnellverfahren zur Analyse einfacher Silikate. – Z. angew. Geol., **7**, Berlin 1961.
– Über die Anwendung neuer Indikatoren d. Chelatometrie i. d. Erz- u. Silikatanalyse. – Z. angew. Geol., **8**, Berlin 1962.

E. WOHLMANN

SCHEITZ, E.

Russische Abkürzungen und Kurzwörter (Russisch – Deutsch)

Verlag Technik, Berlin 1961. — 727 S., 40,— DM

Seit langem bestand ein echtes Bedürfnis für den Leser russischer Fachtexte, verläßliche Auskunft über Abkürzungen und Kurzbezeichnungen zu erhalten. Ein solches Nachschlagewerk fehlte bisher bei uns. Es ist wohl nicht übertrieben, wenn festgestellt wird, daß z. B. durchschnittlich jeder längere Aufsatz unserer sowjetischen Bruder-„Zeitschrift für angew. Geologie" mindestens ein Dutzend Abkürzungen enthält, die dem deutschen Leser — selbst wenn er die russische Sprache gut beherrscht — oft erhebliche Schwierigkeiten bereiten. In der Tagespresse sind Abkürzungen noch häufiger. Das unzweifelhafte Verdienst des Verfassers ist es, diese Lücke weitgehend geschlossen zu haben, indem er im vorliegenden Buch etwa 20000 Abkürzungen und Kurzbezeichnungen aus allen Gebieten des gesellschaftlichen Lebens gesammelt, ihre exakte russische Dechiffrierung vorgenommen hat und für beide eine gefällige deutsche Übersetzung vermittelt. Die Arbeit des Verfassers verdient unsere volle Anerkennung und — Bewunderung. Selbstverständlich ist damit die Fülle an gebräuchlichen russischen Abkürzungen nicht erschöpft. Sie ist leider fast unerschöpflich. Wie Stichproben jedoch zeigten, ist es dem Verfasser offensichtlich gelungen, die weitaus wichtigsten und häufigsten zusammenzutragen.

Diese Sammlung sowjetischer Abkürzungen und Kurzwörter wird ohne Zweifel das Studium sowjetischer Literatur erleichtern und damit zur besseren Auswertung des Wissens und der Erfahrungen des Sowjetvolkes bei uns beitragen.

STAMMBERGER

BOLLIN, E. M. & P. F. KERR

Differential Thermal Pyrosynthesis

„Amer. Miner.", Vol. 46 (1961), S. 823–853

Die Differentialthermo-Pyrosynthese (DTP) ist ein junges Verfahren zur Ermittlung der Kinetik der Bildungsreaktionen von Mineralen. Prinzipiell gleicht das Verfahren der DTA.

Eine stöchiometrische Einwaage von 1–2 mg der in Reaktion zu setzenden Elemente wird in einem etwa 3 cm langen Probenröhrchen unter Vakuum eingeschmolzen, nachdem die Probe vorher mit Al_2O_3 überschichtet wurde. Die Untersuchungen erfolgen damit in einem abgeschlossenen System. Die Thermoelemente befinden sich bei der DTP in einer Delle unterhalb des Probenröhrchens bzw. des Röhrchens mit der Standardsubstanz. Die exakte Temperaturaufzeichnung wird durch einen Al_2O_3-Isolationsmantel zwischen Röhrchen und Heizblock gewährleistet. Temperaturänderungen teilen sich erst den mit dem Röhrchen in Kontakt stehenden Thermoelementen mit, bevor durch den vom Röhrchen isolierten Heizblock eine eventuelle Wärmeableitung stattfinden kann. In umgekehrter Richtung sichert der Al_2O_3-Mantel eine gleichmäßige Verteilung der Ofenwärme auf Probe und Standard. Aufheizung und Abkühlung werden von einem Programmregler gesteuert. Für die Aufzeichnung der oft sehr raschen Reaktionen sind besonders empfindliche Schreibgeräte erforderlich.

Die Verf. untersuchen genauestens alle möglichen Faktoren, die die Aufzeichnungen, Reproduzierbarkeit und Aussagen der erhaltenen Kurven beeinträchtigen können. Sorgfältige Zentrierung von Probe und Standard zum Heizblock sind selbstverständlich.

Für die Korngrößen gilt, die Partikel so fein wie möglich zu zerteilen. Jedoch ist die Korngröße vom zu untersuchenden System abhängig. Die optimalen Korngrößen müssen experimentell ermittelt werden. Für die Messung von α-β-Umwandlungen wird am besten nur ein einzelnes Korn benutzt, um die Effekte bei der Bildung vieler Umwandlungskeime zu vermeiden. Als Aufheizgeschwindigkeit wird wie bei der DTA 12,5° C/min gewählt. Spezielle Probleme erfordern Änderungen. Flache Kurveneffekte lassen sich bei schneller Aufheizung verstärken und präzisieren, Überlagerungen durch ganz langsames Ansteigen der Temperatur auseinanderziehen. Ebenso beeinflußt die Wärmekapazität des Heizblockes, Keramik oder Metall, den Kurvenverlauf. Durch Teilung des Heizblockes in ein Ober- und ein Unterteil ist es möglich, durch Kühlen des Unterteils einen Temperaturgradienten zu erzeugen, der das Wachsen von Einkristallen gestattet.

Bei den bis jetzt synthetisierten Metallsulfiden und -seleniden, Sulfarseniden und -antimonaten spielt der Dampfdruck des Schwefels eine Rolle. Dieser Dampfdruck ist u. a. abhängig von der Größe des Probenröhrchens bzw. von der Raumerfüllung des zugefüllten Al_2O_3.

Es ergibt sich, daß die speziellen Bedingungen, von denen hier nur ein Teil kurz referiert wurde, für jede Untersuchung entsprechend den optimal zu erhaltenden Ergebnissen festgelegt werden können.

Ihr relativ geringer Zeitaufwand und ihr möglicher Informationsreichtum lassen die DTP den anderen Methoden zur Erforschung der Kinetik der Mineralbildungen gegenüber überlegen erscheinen.

K. STEINIKE

NOWAK, W. & S. HAUSDORF

Das Isotopenlaboratorium

VEB Deutscher Verl. für Grundstoffindustrie, Leipzig 1961. — 108 S., 32 Abb. u. Tab.; 5,50 DM

Diese Broschüre gibt Antwort über wichtige, mit dem Bau, der Einrichtung und der Tätigkeit im Isotopenlaboratorium zusammenhängende Fragen. Sie trägt somit zur Lösung von Forschungs- und Produktionsaufgaben bei der Anwendung radioaktiver Isotope bei, die heutzutage mit großem Nutzen in den experimentellen Naturwissenschaften, der Technik, der Land- und Forstwirtschaft und der Medizin eingesetzt werden. Die wesentlichsten Ausführungen sind nach einer kurzen historischen Einleitung und einer knappen theoretischen Abhandlung im Kapitel „Aufbau eines Isotopen-Laboratoriums" niedergelegt. Es wird auf die verschiedenen Laborarten eingegangen; die Installation, die Be- und Entlüftung und die Heizung eines Isotopenlabors werden beschrieben. Weiterhin nimmt der Strahlenschutz einen bedeutenden Umfang ein. Auf das Abfallproblem in einem solchen Labor wird näher eingegangen, und Abtrennungsmöglichkeiten (mechanische und chemische Abtrennung sowie Abtrennung durch Ionenaustauscher und durch Verdampfung) werden beschrieben. Das letzte Kapitel gibt gesetzliche Bestimmungen in bezug über Verwendung radioaktiver Isotope, ihren Transport, ihre Beschaffung und Beseitigung wieder. Mit 21 Literaturhinweisen endet diese Arbeit.

W. HÖDT

KÖSSLER, I.

Methoden der Infrarotspektroskopie in der chemischen Analyse

Akad. Verl.-Ges. Geest und Portig K.-G., Leipzig 1961. — 227 S., 96 Abb., 29 Tab.; 33,— DM

Dieses Buch ist eine bearbeitete und ergänzte Übersetzung aus dem Tschechischen von Dr. H. BAŽANTOVÁ (Praha). Es trägt der raschen Entwicklung der Infrarotspektroskopie im letzten Jahrzehnt Rechnung und stellt eine Sammlung der herausgegebenen Monographien auf den verschiedensten Teilgebieten dieser analytischen Methodik dar.

Die theoretischen Grundlagen sind im ersten Teil des Buches als Einführung über das Entstehen der Spektren, der Infrarotstrahlung und Infrarotspektren wiedergegeben. Das 2. Kapitel schildert den experimentellen Teil. In ihm ist von den Apparaturen, den Eichvorgängen dieser Geräte und der Präparation der Proben die Rede. Betreffs ausführlicher Beschreibungen von Apparaturen sei hier auf das Buch von W. BRÜGEL („Einführung in die Ultrarotspektroskopie", Steinkopff-Verlag, Darmstadt 1954, zweite überarbeitete Ausgabe 1957) hingewiesen, das diesem praktischen Teil besondere Aufmerksamkeit schenkt. Der nächste Teil behandelt die qualitative Analyse, die eng mit dem Konstitutionsstudium der Stoffe zusammenhängt. Er ist nicht ausführlich behandelt, da mehr die benutzten methodischen Verfahren zur Identifikation von Reinsubstanzen und zur Analyse von Stoffgemischen in diesem Buch zum Ausdruck gebracht werden. Somit sind der 4. Teil des Buches, die quantitative Analyse, und der 5. Teil über die Infrarotspektroskopie in Verbindung mit Trennungsmethoden, wie fraktionierte Destillation, Chromatographie und fraktionierte Kristallisation, ausgiebig geschildert. Sie zeigen den Umfang der IR-Spektroskopie und bringen durch Analysenbeispiele und deren Berechnungsmethoden viele Anregungen und Hinweise in der chemischen Analyse. Daher kann als Fazit gezogen werden, daß die Infrarotspektroskopie in der geologischen Forschung Anwendung finden kann. Für das Einarbeiten in dieses Gebiet der Analytik sind im letzten Teil dieses Werkes von I. KÖSSLER eine Dokumentation in Tabellen und 207 Literaturstellen wiedergegeben.

Dieses moderne Fachbuch gibt neue und zusammenfassende Erkenntnisse auf diesem zukunftsreichen Gebiet wieder und wird vorläufig aus dem Arbeitsmaterial der Naturwissenschaftler nicht mehr wegzudenken sein.

W. HÖDT

POPOW, W. J.

Neue Viskositätsverminderer für Dickspülungen

„Aserbaidshanskoje neftjanoje chosjaistwo", Nr. 5, 1960, S. 12–13

In Bohrungen, wo die herkömmlichen Chemikalien, wie kohlenalkalische Lauge, Sulfitspritablauge und das Kalken der Spülungen, zu keinem Erfolg bei der Viskositätssenkung mehr führten, wurden neue Dispergiermittel eingesetzt. Es handelt sich dabei um ein aktiviertes Nitrolignin und Syntan der Marke PFLX–1. Lignin wird bei Gegenwart von Schwefelsäure mittels Salpetersäure zu Nitrolignin umgesetzt. PFLX–1 wird aus rohen Phenolextrakten, die beim Verschwelen von Holz anfallen, hergestellt.

Verf. schildert vergleichende Großversuche, in denen die Chemikalien als 5%ige Lösungen, versetzt mit 1% Ätznatron, nach intensiver Vermischung ungefähr 10%, zum Volumen der umlaufenden Spülung beigegeben werden. In je einer Tabelle sind die charakteristischsten Meßwerte vor und nach der Behandlung mit Nitrolignin und PFLX–1 zusammengefaßt. Daraus ersieht man, daß die Viskositäts- und Schubspannungsmeßwerte eine rapide Senkung erfahren, so daß eine beträchtliche Erhöhung der Beweglichkeit und ein Druckabfall im Druckleitungssystem zu verzeichnen ist. Verf. gibt an, daß diese Spülungschemikalien auch noch unter erschwerten geologischen Bedingungen erprobt werden sollen.

B. HEYNE

ZANKER, K.

Verminderung der Verdunstungsverluste auf Seen und Talsperren

„Wasser und Boden", Hamburg, Jg. 13 (1961), H. 1, S. 6 bis 12

Zur Verminderung der erheblichen Verdunstungsverluste, die bei den großen Wasserflächen von Seen und Talsperren auftreten, sind seit längerer Zeit Versuche unternommen worden. Als am günstigsten erwies sich die Ausbreitung einer äußerst dünnen, nämlich monomolekularen Schicht über die Wasserfläche. Bei Laborversuchen konnte man damit die Verdunstung auf 1% und weniger reduzieren. In den USA wurden auf dem Hefnersee, einer Trinkwassertalsperre von 10 km² Staufläche und bis 1400 mm mittlerer Verdunstung, Großversuche mit Hexadecanol unternommen. Bei nur 10%iger Bedeckung der Wasserfläche und ungünstigen Winden wurde damit eine Verdunstungsverminderung von 9% erreicht. Bei diesem Verfahren kostet der eingesparte Kubikmeter Wasser 0,21 DM; bei verbilligter Großherstellung des Hexadecanols werden es nur 0,10 DM sein. Die Qualität des Trinkwassers sowie das pflanzliche und tierische Leben des Sees werden nicht beeinträchtigt.

F. HESS

Neuerscheinungen und Literaturhinweise

BYSCHOWER, N. A.

Die Mineralvorräte der kapitalistischen Länder

Gosplanisdat, Moskau 1960. – 274 S.

AMIRASLANOW, A. A.

Die Blei-Zink-Lagerstätten Australiens

Gosgeoltechisdat, Moskau 1960. – 135 S.

WERSKOWSKAJA, O. W. u. a.

Gallium

Verl. Akad. Nauk SSSR, 1960. – 145 S.

Autorenkollektiv

Die Petrographie und Mineralogie der Lagerstätten von Perlit, keramischen Rohstoffen und Glimmer

Verl. Akad. Nauk SSSR, 1961. – 200 S.

Autorenkollektiv

Das Aufsuchen und die Erkundung von Bor-Rohstoffen

Gosgeoltechisdat, 1960. – 102 S.

BARDOT DE MARNI, A. W.

Die Lagerstätten des wichtigsten Baumaterials Nordkasachstans

Verl. Akad. Nauk KSSSR, Alma-Ata 1960. – 375 S.

GORELIK, S. A.

Die Sande der Belorussischen SSR und ihre wirtschaftliche Verwendung

Verl. Akad. Nauk SSSR, 1961. – 170 S.

Nachrichten und Informationen

Erdöl/Erdgas

Die Sowjetunion in der Welterdölproduktion

Nachdem Libyen erstmalig im vergangenen Jahre als Erdölproduzent aufgetreten ist, weist die Welterdölstatistik insgesamt 52 erdölproduzierende Länder auf. An der Spitze stehen nach wie vor unangefochten die USA. Sie erzielten eine Produktion von 353,5 Mill. t. Das entspricht einem Zuwachs von 6 Mill. t = 1,6% gegenüber 1960.

Erstmalig hat die Sowjetunion im Laufe des verflossenen Jahres Venezuela in der Produktionshöhe übertroffen und sich den zweiten Platz in der Weltstatistik gesichert. In Venezuela erhöhte sich die Produktion gegenüber 1960 um 2% und erreichte insgesamt 151 Mill. t.

Die gesamte Weltproduktion stieg 1961 erneut um 6,5% oder 68 Mill. t auf etwa 1,1 Mrd. t. Dieser starke Zuwachs wird in der Hauptsache von den Ländern des Nahen Ostens, von den Feldern der Sahara und von der Sowjetunion bestritten.

Die Sowjetunion produzierte 1961 rund 166 Mill. t Erdöl. Das entspricht einer Steigerung um 18 Mill. t oder 12% gegenüber dem Jahre 1960. Damit wurde die Produktionshöhe um volle 2 Mill. t gegenüber der im Plan vorgesehenen Zahl überboten. Das Planziel für 1962 lautet auf 185 Mill. t. Das entspricht wiederum einer Steigerung in dem gleichen Umfang. Die weit gesteckten Ziele des Perspektivplanes lassen erkennen, daß im Jahre 1970 mit einer Kapazität von 390 Mill. t, im Jahre 1980 mit 700 Mill. t zu rechnen ist. Danach müßten die durchschnittlichen Zuwachsraten im ersten Jahrzehnt 10% jährlich, im zweiten Jahrzehnt 6% jährlich betragen. Nach den neuen Entdeckungen von reichen Erdöllagerstätten in Sibirien, in Zentralasien und in anderen Gebieten ist an der Realität dieser perspektivischen Entwicklung nicht zu zweifeln.

–K–

Künftige Erdölproduktion Westdeutschlands

Der Wirtschaftsverband Erdölgewinnung hat vor kurzem in Hamburg Angaben über die voraussichtliche Erdölproduktion Westdeutschlands bis 1968 veröffentlicht. Ein Vergleich der jetzt vorgelegten Zahlen mit den in früheren Jahren abgegebenen Schätzungen zeigt, daß die künftigen Chancen der westdeutschen Erdölgewinnung doch zurückhaltender eingeschätzt werden.

1961 wurde in Westdeutschland eine Erdölförderung von rd. 6,2 Mill. t erreicht. Diese Förderung soll 1966 auf 7,12

Mill. t steigen (1962 — 6,75 Mill. t, 1963 — 6,89 Mill. t, 1964 — 7,04 Mill. t, 1965 — 7,06 Mill. t). Während in den Vorjahren noch eingeschätzt wurde, daß in 5 Jahren ein Zuwachs von 0,6—0,9 Mill. t erreicht werden kann, rechnet man also für die kommenden 5 Jahre lediglich noch mit einem Zuwachs von 0,37 Mill. t. Auch die Perspektive für die neuzuerkundenden Felder hat sich verändert. Anfang 1961 wurde für 1965 noch ein Zuwachs von 1,7 Mill. t aus neuen Feldern berechnet; Anfang 1962 schätzte der Wirtschaftsverband Erdölgewinnung für 1966 einen Zuwachs von rd. 1 Mill. t ein, vorausgesetzt, daß ab 1964 die Erkundungsarbeiten im gleichen Umfang durchgeführt werden wie bisher.

Die Entwicklung der Förderung in den bekannten westdeutschen Erdölfeldern wird wie folgt aussehen: Die Erdölförderung wird in den nächsten Jahren in den Feldern Hannovers, am Oberrhein und im Alpenvorland wegen der natürlichen Erschöpfung der Lagerstätten stetig zurückgehen, während im Gebiet Weser—Ems bis 1963 und im Gebiet Schleswig-Holstein sogar bis 1964 noch eine Zunahme in der bisherigen Förderung zu erwarten ist. Im Emsland wurden in den letzten Jahren neue Lagerstätten erschlossen und in der Förderung sekundäre Fördermaßnahmen erfolgreich angewandt. —ul—

Erdöl aus dem Oriente von Peru

Seit längerer Zeit arbeiten im Oriente von Peru eine Gruppe peruanischer und deutscher Erdölmonopole, zu denen deutscherseits die DEA, die Wintershall und die Gewerkschaft Elwerath gehören. Im Jahre 1961 konnte die Anfangsproduktion um 10000 t auf 40000 t Rohöl gesteigert werden. Die größten Schwierigkeiten liegen neben den Arbeiten im Urwaldgebiet vor allem auf dem Sektor des Öltransportes, der nicht über die Cordilleren geleitet werden kann. Als Ausweg bot sich die Möglichkeit, das Rohöl mit Schiffen auf dem Fluß Ucayali abwärts nach Iquitos zu transportieren, das sind in Luftlinie 700—800 km. Zum Teil führen die Transporte auch bis nach Brasilien hinein, nach Manaos (weitere 1600 km Luftlinie), wo eine Raffinerie der Companhia de Petroleo da Amazonia die Kapazität aufnimmt. K.

Fortsetzung der Erdölsuche in Griechenland

Obwohl sich bisher keine Erfolge einstellten, werden auch im Jahre 1962 die Sucharbeiten auf Erdöl in Griechenland weiterbetrieben. Ein Teil der Bohrungen erreichte Teufen bis über 4000 m.

Die französische Gesellschaft SAFOR hat auf der Insel Rhodos die Option für ein Gebiet von 1800 km² erworben. Die R. A. P. will 1962 im Flußgebiet des Euros in Thrakien neue Bohrungen niederbringen, wo bereits drei tiefe Bohrungen unproduktiv blieben. Auch die amerikanische Gesellschaft HUNT, die mit einer ersten Bohrung im Gebiet nördlich von Janina keinen Erfolg hatte, projektiert dort eine zweite Bohrung. Die ESSO, die auf der Insel Zante eine ergebnislose Bohrung niederbrachte, plant eine neue Bohrung im nordwestlichen Peloponnes. He.

Erdöl in den Niederlanden

Unter den westeuropäischen erdölproduzierenden Ländern nehmen die Niederlande nach Österreich und Frankreich mit Italien den dritten Platz ein. Die Schätzung des Gesamtvorrates an Erdöl liegt bei 35,8 Mill. t, aufgeteilt auf ein Gebiet von ungefähr 207000 ha. Das Schwergewicht der Erkundung und der Produktion liegt im Westen des Landes, demgegenüber die Gebiete im Nordosten zurücktreten. Neue seismische Untersuchungen machen das Vorhandensein von Erdölstrukturen auch an der Nordseeküste wahrscheinlich. Die Produktion entwickelte sich folgendermaßen (in 1000 t):

1959	1773
1960	1918
1961	ca. 2100

In der Erdölverarbeitung stehen die Niederlande mit einer Durchsatzkapazität von 25 Mill. t an fünfter Stelle in Westeuropa. Als Exporteur von Erdölprodukten nimmt Holland unbestritten die erste Stelle in Europa ein. -K-

Neuer Gasfund in Holland

Die Sucharbeiten nach der Entdeckung des großen Gasfeldes bei Slochteren, südöstlich von Groningen, gingen in Holland intensiv weiter und führten zum Auffinden eines neuen Erdgasvorkommens. Es liegt bei der Ortschaft Annerveen, etwa 15 km südlich des Feldes Slochteren. Der Produktionstest ist noch nicht abgeschlossen. Genaue Angaben können noch nicht gemacht werden, doch deuten alle Anzeichen auf ein ergiebiges Lager hin. K.

Sahara-Erdgas

Die gewaltigen Erdgasvorkommen von Hassi R'Mel werden durch französische Konzerne weiter erschlossen. Seit Februar 1961 wurden etwa 250 Millionen Nm³ aus diesem Feld gefördert, gleichzeitig wurden die Gasabscheidungsanlage in Hassi R'Mel sowie die insgesamt 830 km langen Pipelines nach Algier und Oran in Betrieb genommen. Die im Bau befindliche Verflüssigungsanlage in Arzew östl. Oran wird Ende 1963 fertiggestellt werden. —ul—

Argentinien stellt auf Erdgas um

Die Erdgasproduktion in Argentinien stieg von 1950 bis 1960 von 754 Mill. auf 2,5 Mrd. m³. Zu der ersten Pipeline von dem Produktionsgebiet von Comodoro Rivadavia nach Buenos Aires wird eine zweite, jetzt in Bau gegebene mit einer Kapazität von 10 Mill. m³ täglich hinzukommen. Kürzlich fertiggestellt wurde die Pipeline von Campo Duran (Provinz Salta) nach Buenos Aires. Die Industrie von Groß-Buenos Aires und anderen nahe den Pipelines gelegenen Verbrauchszentren kann sich daher mehr und mehr auf Erdgas umstellen. Die Umstellung des Hausbrandes in Buenos Aires auf Erdgas ist bereits vollständig durchgeführt, und die Gaswerke auf Kohlenbasis haben ihre Produktion eingestellt. Es konnte sogar ein Gasüberschuß als Flaschengas nach Brasilien und Uruguay geliefert werden. Ha.

Erze

Blei und Zink aus Schlacke

In Schweden wurde ein Verfahren entwickelt, bei dem aus der beim Einschmelzen von Kupfererzen, die auch Blei und Zink enthalten, anfallenden Schlacke durch einen zweiten Schmelzprozeß erhebliche Blei- und Zinkmengen gewonnen werden. Mit dem Bau eines besonderen Schmelzwerks zu diesem Zweck wurde begonnen. Es wird den Erwartungen nach aus 210000 t Schlacke 20000 bis 25000 t Zink und 60000 bis 70000 t Blei produzieren. Das Werk wird von der Firma Boliden AB gebaut, die 1961 37500 t Kupfer, 44800 t Blei und als Nebenprodukt 4300 kg Gold produzierte. Ha.

Die Kupferproduktion Jugoslawiens

Das Kupfererzvorkommen von Majdan-Pek südöstlich von Belgrad war zwar schon seit Jahrhunderten bekannt, wurde aber in seiner Bedeutung nicht erkannt. Erst im Vorjahr begann die Ausbeutung mit dem Ergebnis, daß schon im ersten Förderjahr eine Steigerung der Kupfererzförderung des Landes von bisher 2,37 Mill. t auf 3,6 Mill. t erwartet wird. Jugoslawien ist damit auf dem Wege, der weitaus größte Kupferproduzent Europas auf eigener Erzbasis zu werden. Die bisher erreichten 2,37 Mill. t waren aus dem Vorkommen von Bor gefördert worden. Der abnehmende Kupfergehalt der dort geförderten Erze gab Anlaß zur Erschließung des Vorkommens von Majdan-Pek. Die dortigen sicheren Reserven betragen 190 Mill. t, die wahrscheinlichen werden auf 300 Mill. t geschätzt. Die Erze von Majdan-Pek haben zwar nur 0,7% Cu-Gehalt, aber einen hohen Edelmetallanteil. Neue Anlagen zur Gewinnung von Gold, Silber und Selenium sollen errichtet werden. Die Kupfererzeugung hofft man bis 1965 von jetzt 35000 t auf 80000 t jährlich zu steigern. Auch an die Erschließung eines dritten, zwischen Bor und Majdan-Pek bei Lipa gelegenen Kupfererzvorkommens wird gedacht. Ha.

Sonstiges

Die Produktionssteigerung der sowjetischen Grundstoffindustrie 1960/1961

Der Jahresbericht des Statistischen Zentralamtes der UdSSR verzeichnet auf fast dem gesamten Gebiet der sowjetischen Grundstoffindustrie für 1961 gegenüber dem Vorjahr erhebliche Produktionssteigerungen. Nur die Kohle weist einen leichten Rückgang auf, während Erdöl mit 12%

und Erdgas sogar mit 29% die höchsten Zuwachsraten erreichten. Die Produktionsziffern im einzelnen betragen:

		1960	1961	Zunahme in %
Roheisen	(in Mill. t)	46,8	50,9	+9
Stahl	,,	65,3	70,7	+8
Walzgut	,,	51,0	55,2	+8
Stahlrohre	,,	5,8	6,4	+9
Eisenerz	,,	106,0	118,0	+11
Kohle	,,	513,2	510,0	− 0,5
Erdöl	,,	147,9	166,0	+12
Erdgas	(in Mrd. m³)	47,2	60,9	+29
Elektroenergie	(in Mrd. kWh)	292,3	327,0	+12

Ha.

Weltproduktion und -verbrauch von NE-Metallen

Im 48. Jahrgang ihrer „Statistischen Zusammenstellungen" veröffentlicht die westdeutsche Metallgesellschaft Ende 1961 die nachstehenden Tabellen über die Weltproduktion und den Weltverbrauch von NE-Metallen in den Jahren 1959 und 1960. Danach verlief die Zunahme der Produktion in den Hauptwirtschaftsräumen ziemlich gleichmäßig (zwischen 6 und 12%), während der (in den einzelnen Gebieten unterschiedliche) Verbrauch nur um rund 4% zunahm.

Tab. 1. Produktion von NE-Metallen (in 1000 metr. t)

	Welt insgesamt	davon USA	Europa	soz. Länder	übrige Welt
1959					
Aluminium	4092,0	1772,7	724,7	853,9	740,7
Blei	2439,8	345,3	744,8	542,4	807,3
Kupfer	4312,1	1227,2	912,9	701,0	1471,0
Zink	2967,2	778,4	858,9	642,2	687,7
Zinn	170,6	10,9	49,7	50,7	59,3
Nickel	281,8	38,5	61,7	55,0	126,6
Insgesamt	14263,5	4173,0	3352,7	2845,2	3892,6
in %	100	29	24	20	27
1960					
Aluminium	4542,7	1827,5	862,0	930,6	922,6
Blei	2554,9	378,2	772,0	571,1	833,6
Kupfer	4977,2	1642,3	990,5	732,5	1611,9
Zink	3111,3	787,1	919,9	682,4	721,9
Zinn	206,8	13,7	51,2	51,2	90,7
Nickel	316,8	31,4	78,2	55,5	151,7
Insgesamt	15709,7	4680,2	3673,8	3023,3	4332,4
in %	100	30	23	19	28
in % von 1959	110	112	110	106	111

Tab. 2. Verbrauch von NE-Metallen (in 1000 metr. t)

	Welt insgesamt	davon USA	Europa	soz. Länder	übrige Welt
1959					
Aluminium	4032,6	1846,1	1044,2	822,6	319,7
Blei	2404,0	609,3	939,5	545,1	310,1
Kupfer	4359,6	1327,2	1614,1	835,1	583,2
Zink	2906,2	862,7	1020,7	583,3	439,5
Zinn	186,7	46,6	66,4	36,4	37,3
Nickel	247,3	102,2	69,7	59,0	16,4
Insgesamt	14136,4	4794,1	4754,6	2881,5	1706,2
in %	100	34	34	20	12
1960					
Aluminium	4132,5	1539,4	1269,3	926,0	397,8
Blei	2450,6	527,7	1036,6	561,0	325,3
Kupfer	4639,2	1216,4	1905,4	840,0	677,4
Zink	3013,5	775,4	1127,6	630,0	480,5
Zinn	200,4	52,4	66,6	41,5	39,9
Nickel	287,0	98,1	94,6	69,5	24,8
Insgesamt	14723,2	4209,4	5500,1	3068,0	1945,7
in %	100	29	37	21	13
in % von 1959	104	88	116	106	114

Ha.

Die Bodenschätze von Nigeria

In den Nordprovinzen von Nigeria gab es 1919 schon 88 Bergbaugesellschaften, jetzt steht der gesamte Bergbau des Landes unter der Aufsicht der Regierung, die jedoch unter gewissen Bedingungen Prospektierungsrechte vergibt. Die Bodenschätze sind von unterschiedlichem Wert, und der Bergbau ist noch unterentwickelt. Am bedeutendsten sind die Vorkommen von Zinn, Columbit und Erdöl. Die Vorräte an Zinnerzen (Kassiterit), die sich im Norden des Landes in dem Gebiet etwa zwischen Kano und Dschos befinden, werden auf 135000 t geschätzt. Nigeria liefert etwa 5% des Zinnbedarfs der kapitalistischen Länder. Da dieser jedoch zurückging, sanken die Exporte von 13044 t (1957) bis 1959 auf 6978 t, erhöhten sich 1960 jedoch wieder auf 9858 t. Seit Mai 1961 wird das Erz auch in Nigeria selbst verarbeitet.

Die Produktion von Columbit übertrifft bei weitem die jedes anderen Landes. Das Roherz, das nach Europa und den USA verschifft wird, kommt im Süden im Gebiet von Benin und im Norden u. a. bei Kano vor. Die Vorräte werden auf 56000 bis 76000 t geschätzt. Die Produktion erreichte 1954 ein Maximum von 3152 t, ging bis 1958 auf 1051 t zurück und stieg dann 1959 wieder auf 1274 t und 1960 auf 1963 t. Ein Columbit-Forschungszentrum wird von der Regierung geplant.

Die Ausbeutung der Blei- und Zinklagerstätten, die zwischen der Ost- und der Nordregion verteilt sind, ist sehr im Rückstand. 1959 wurden 486 t Bleierz gefördert, während die Zinkproduktion unbedeutend blieb. Ein Abbau der Eisenerze, die am Zusammenfluß von Niger und Benue und bei Enugu vorkommen, hat noch nicht begonnen. Die Vorräte werden auf 30 Mill. t (mit > 50% Fe), 72 Mill. t (45–50% Fe) und 40 Mill. t (40% Fe) geschätzt. Die Vorkommen von Wolfram, Tantal, Beryll, Mangan, Molybdän, Ilmenit und Rutil sind wirtschaftlich unbedeutend. Uran kommt in den Zinngruben vor, wurde aber noch nicht gewonnen. Thorium, das zusammen mit Zinn und Columbit vorkommt, wird seit 1955 zunehmend exportiert. Die Goldförderung ist nicht lohnend.

Mit seinen Kohlenvorräten, die bei Enugu 48 Mill. t und insgesamt 242 Mill. t betragen sollen, ist Nigeria der einzige Kohlenproduzent von Westafrika; es exportiert vor allem nach Ghana und Südafrika. Die Förderung ging von 926000 t (1958) auf 742000 t (1959) zurück.

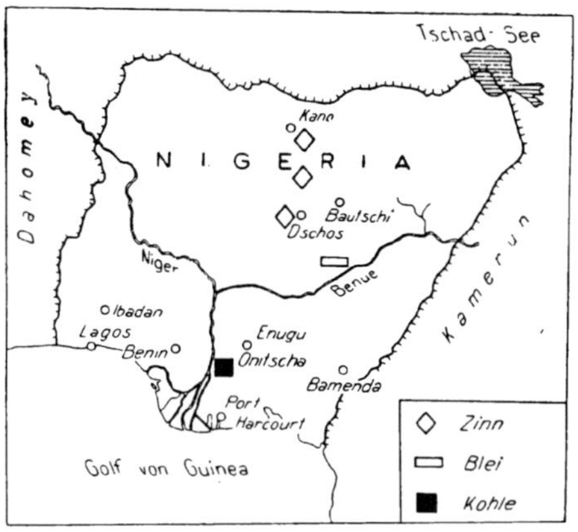

Erdöl und Erdgas wurden im Gebiet von Port Harcourt, also nicht weit vom Verschiffungshafen, und bes. im Osten des Landes in größeren Mengen erbohrt (Erdöl bis jetzt 33, Erdgas 8 produktive Sonden). Die mit Port Harcourt durch Pipeline verbundenen Felder liefern jetzt 270 tato. Ha.

Die Bodenschätze von Uganda

Die künftige Republik Uganda (bis jetzt noch britisch), die sich vom Victoria-See nach Norden erstreckt und zwischen Tanganjika, Kenia, dem Kongo und dem Sudan gelegen ist, steht noch am Beginn ihrer bergbaulichen Entwicklung. Am Tororo-Gebirge nordöstlich des Victoria-Sees gibt es eine Zementindustrie, welche die dortigen Kalksteinschichten ausbeutet. Bei Kilembe, nicht weit von Kasese im SW von Uganda ist der Kupferbergbau im Anlaufen. Es werden jetzt monatlich 80000 t Erz verarbeitet. Der Kupferexport stieg von 1959 bis 1960 bereits um 20% auf 14200 t. Neue

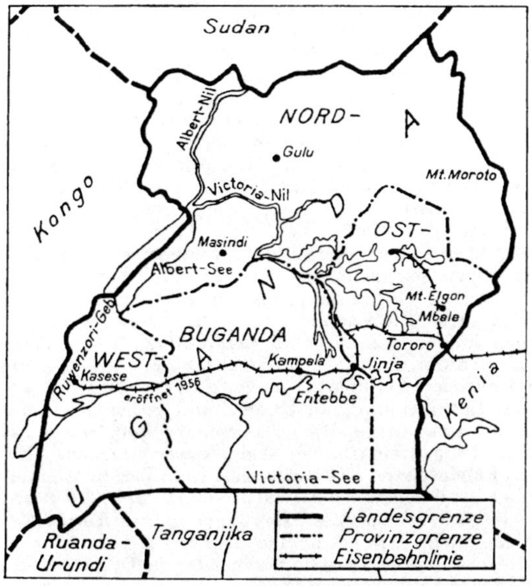

Lagerstätten werden erkundet, eine Bohrung, die 1180 m Tiefe erreichen soll, wird durchgeführt. In schnellem Fortschreiten begriffen ist die Beryllium-Gewinnung in der südwestlichen Provinz Ankolé. Die Produktion wurde 1960 gegenüber 1959 verdoppelt und gegenüber 1958 verfünffacht. Noch aussichtsreicher erscheint, nach 1960 von englischen Experten durchgeführten Untersuchungen, die Wolframgewinnung. Dagegen ist die Zinnproduktion, die 1959 den Wert von 30500£ erreichte, 1960 auf 26200£ zurückgegangen, während die Wolframproduktion den Wert von 64800 £ und die Berylliumproduktion den von 45500£ hatte. Von geringem Umfang ist bis jetzt die Ausbeutung der Phosphatlagerstätten von Sukulu, und auch Wismut und Blei wurden nur in kleinen Mengen gewonnen. Ha.

Der Bergbau in Australien

Australien, das seit den Anfängen der Besiedlung vor rund 150 Jahren eine umfangreiche Montanindustrie entwickelt hat und dessen erste Eisenbahnen bereits zur Erschließung der wichtigsten Bergbauzentren gebaut wurden, ist heute unter den kapitalistischen Ländern der Hauptproduzent von Blei, Zirkon und Rutil und der drittgrößte Zinkproduzent. Auch Kupfer, Silber, Gold, Wolfram und Asbest aus australischen Gruben spielen eine bedeutende Rolle.

Die jährliche Erzeugung von Rutil beträgt etwa 90000 t, von Zirkon 120000 t, von Titansand 90000 t. Reiche Bauxitvorkommen befinden sich in Nordqueensland, dem Nordterritorium und Westaustralien. Aus Queensland wird nach Schaffung eines Tonerdewerks und eines Aluminium-Reduzierwerks eine Produktion von jährlich 120000 t Aluminium erwartet. Die Kupfererzförderung belief sich 1960 auf rund 109000 t, die Erzeugung von Garkupfer auf 80000 t. Die Goldgewinnung hält sich bei 1 bis 1,1 Mill. Unzen jährlich. Die Roheisenproduktion beträgt jährlich rund 3 Mill. t und die Stahlproduktion etwa 3,75 Mill. t. Große neue Eisenerzvorkommen wurden in Queensland und dem Nordterritorium entdeckt. Die Blei- und Zinkproduktion betrug 1960 rund 305000 t Blei und 290000 t Zink. Es werden etwa 2000 t Wolframkonzentrate und 2500 t Zinn jährlich erzeugt. Steinkohlenförderung (1961 23 Mill. t) und Braunkohlenförderung (1961 16 Mill. t) sind im Ansteigen begriffen. Die Suche nach Erdöl wird nach mäßigen Anfangserfolgen eifrig betrieben. Ha.

Jugoslawiens wachsende Bauxitproduktion

Die reichen Bauxitlagerstätten Jugoslawiens, die auf Zehner von Mill. t geschätzt worden sind und von acht großen Bergwerken ausgebeutet werden, liefern einen Bauxit mit mehr als 55% Al_2O_3 und weniger als 2% SiO_2. Da auch die Transportbedingungen günstig sind, ist Jugoslawien in den letzten Jahren zum größten Bauxitexporteur Europas geworden. In Europa sind die DDR, Italien, Frankreich und Westdeutschland die Hauptabnehmer. Es folgen die ČSSR und Österreich. Auch die USA importieren erhebliche Mengen. Wie die „Commercial News of Jugoslavia" vom 15. 11. 1961 mitteilen, ist der Gesamtexport von 592500 t (1959) im Jahre 1960 auf 803100 t angestiegen und belief sich 1960 auf über 1 Mill. t allein nach europäischen Ländern. Ha.

Die Diamantlagerstätten Ostsibiriens

Ähnlich wie in Südafrika finden sich die Diamanten in „Pipes", deren „Kimberlit" aus Bruchstücken von meist stark serpentinisiertem Olivin, Kalzit, rotem Granat und Bruchstücken des Nebengesteins aufgebaut ist. Die bisher bekannten 120 „Pipes" verteilen sich auf folgende Bezirke:

Malo Batuobinsk mit der Lagerstätte Mir, dem größten bisher bekannten Diamantvorkommen Ostsibiriens. Die Pipe hat einen Durchmesser von ungefähr 700 m und ist bis 600 m Teufe untersucht. 50—60% der Diamanten sind 1—2 mm groß, 15—20% 2—4 mm und 1—2% über 4 mm. Das Durchschnittsgewicht der Steine beträgt 10 mg. In der Nähe finden sich diamantreiche „Seifen" in den Verwitterungsprodukten an der Erdoberfläche und an den Hängen der Hügel sowie in den Alluvionen der Bäche und Flüsse. In diesen bis zu 6 m mächtigen „sekundären" Lagerstätten ist die Diamantengewinnung am aussichtsreichsten.

In Daldyn-Alakit wurde in der Udatschnaja-Pipe mit 54,14 Karat der bisher größte Diamant Ostsibiriens gefunden. Obwohl auch weitere große Steine bis zu 35 Karat bekannt wurden, sind im Durchschnitt die Steine kleiner als in Mir. Olenek ist der nördlichste der Diamanten führenden Bezirke Ostsibiriens.

Von den Diamantbezirken Muna und Aldan liegen noch keine Untersuchungsergebnisse vor. —D—

Kohlentransport durch Rohrleitung

In den USA wird eine 500 km lange Rohrleitung geplant, durch die Kohle aus Westvirginia und Pennsylvania nach New York und Umgebung befördert werden soll. Eine Mischung von 60% Kohle und 40% Wasser eignet sich für diesen Transport am besten. Am Bestimmungsort wird die Kohle verbrannt, ohne vorher getrocknet zu werden. Die Transportkosten für Kohle werden durch den Rohrtransport erheblich gesenkt. Die Kosten für die bis 1964 fertigzustellende Leitung werden auf rund 100 Mill. $ geschätzt. Ha.

Zwillings-Tiefbohrung in Österreich

In der Nähe von Waldzell in Oberösterreich wird von der österreichischen Rohölgewinnungs-AG ein bohrtechnisch interessantes Projekt durchgeführt. Als dritte Tiefbohrung wird in diesem Gebiet eine Zwillingsbohrung niedergebracht. Die Sonden dieser Bohrung werden in entgegengesetzter Richtung abgelenkt, so daß sie die erdölführende Schicht in einer Teufe von ca. 2500 m rund einen Kilometer voneinander entfernt erreichen werden. He.

XXII. Internationaler Geologenkongreß vom 14.—22. 12. 1964 in Neu Delhi

In der Zwischenzeit sind einige weitere Informationen über den XXII. Internationalen Geologenkongreß bekannt geworden.

Der Mitgliedsbeitrag beträgt:	100/-Rs	für ordentliche Mitglieder
	75/-Rs	für nichtordentliche Mitglieder

Es sollen folgende Sektionen gebildet werden:

1. Erdölgeologie
2. Geol. Ergebnisse d. angew. Geophysik
3. Kreide-Tertiär-Grenze incl. Vulkanismus
4. Gebirgsdeformation und Tektonik
5. Probleme der Lagerstättengenese
6. Minerale und Genese der Pegmatite
7. Plateau-Basalte
8. Tertiäre Säuger
9. Gondwana
10. Archaikum und Präkambrium
11. Himalajische und Alpine Orogenese
12. Isostasie
13. Charnackite
14. Laterite
15. Sedimentation und sedimentäre Geologie
16. Anderes

Kongreßsprachen sind: Englisch, Französisch, Deutsch, Italienisch, Russisch, Spanisch.

Kurzfassung jeder schriftlichen Vorlage in einer Kongreßsprache mit Übersetzung ins Englische maximal 200 Worte bis 1. 6. 63 mit Benennung der zuständigen Sektion. Der vollständige druckfertige Text muß dem Generalsekretär bis 1. 12. 63 vorliegen. Anlagen schwarz-weiß, sauber und ansprechend, geeignet für Reproduktion, Format höchstens 15 × 21 cm. Bis 5000 Worte incl. Anlagen. Es wird ersucht, sich auf Arbeiten von allgemeinem Interesse zu beschränken, die grundsätzliche Fortschritte in den einzelnen Branchen bringen. Benutzung der englischen Sprache wird empfohlen! K.

EGMONT KUMMEROW zum Gedenken

Am 5. März 1962 verstarb in Rüdersdorf bei Berlin EGMONT KUMMEROW kurz nach Vollendung seines 82. Lebensjahres. Er wurde geboren am 22. Januar 1880 in dem Dorfe Voigtsdorf, unweit von Woldegk, als Sohn des dortigen Lehrers ARNOLD KUMMEROW. Zeit seines Lebens war er Pädagoge und hat den Beruf eines Mittelschullehrers 51 Jahre ausgeübt. Länger als drei Jahrzehnte zählte er als freiwilliger und später als freier wissenschaftlicher Mitarbeiter zur obersten geologischen Behörde in Berlin.

KUMMEROW wurde als Geologe durch seine Forschungen und Veröffentlichungen über die Eisströme des nordeuropäischen Landeises bekannt. Im Jahre 1925 erschien seine erste Arbeit über die Hauptbewegungsrichtung des diluvialen Inlandeises in Europa. In späteren Jahren kam er noch oft auf dieses Thema zurück. Seine Ansichten sind umstritten und standen oft im Mittelpunkt erregter Diskussionen. KUMMEROW erbrachte den aufsehenerregenden Nachweis, daß der Geschiebebestand der Niederlande eine verblüffende „Gleichartigkeit" (nicht Gleichheit) mit dem Ostpreußens zeigt. Dies läßt sich nach KUMMEROW nur durch die Annahme eines großen, in seinem westlichen Teil Ost—West verlaufenden „Baltischen Eisstromes" erklären, dessen Bett die Ostsee war. Diese Annahme gilt aber nur vom rechten Flügel des nordeuropäischen Landeises. Auf dem linken war zu Beginn des Eiszeitalters ebenes Land, wo die Eisströme geradlinig radial ausstrahlten.

Diese Fragen waren aber keine rein akademischen, sie führten zu weitgehenden Folgerungen hinsichtlich der Auffassungen und Methoden in der Geschiebeforschung. Es gibt wohl kaum eine bislang auf diesem Gebiet benutzte Methode, die nicht von KUMMEROWs Kritik ereilt wurde. Er erhob den Vorwurf, daß die Geschiebeforschung bei uns bis in die neueste Zeit stark vernachlässigt werde und daß ihre Methoden veraltet seien, ganz im Gegensatz zum Ausland.

Es wird nicht viele Geschiebeforscher geben, die sich durch KUMMEROWs Kritik nicht getroffen fühlten. Seine Kritik blieb aber durchaus nicht negativ. Er selber hat Hervorragendes auf diesem Sachgebiet geleistet, so daß wir ihn als einen bedeutenden Geschiebeforscher würdigen müssen.

Ebenso bedeutend wie die Eisstromforschung ist KUMMEROWs Ostracodenforschung. 1934 erschien seine erste Arbeit über Ostracoden und Phyllocariden aus nordischen Geschieben. KUMMEROW hat diese Forschungen während seines ganzen Lebens unermüdlich fortgesetzt, obwohl seine kurzsichtigen schwachen Augen für diese Tätigkeit wenig geeignet waren. Er begann mit den altpaläozoischen Formen, und erst gegen Ende seines Lebens langte er bei den mesozoischen an. Er fand überall bereitwillige Unterstützung, besonders durch Prof. Dr. R. BASSLER, der ihm die neueren amerikanischen Veröffentlichungen sandte. Er selbst schloß sich der Lehrmeinung von ULRICH und BASSLER an, die im Gegensatz zu der europäischer Forscher stand. Seiner Arbeit legte er die Systematik der Amerikaner zugrunde. Bis zu seinem Lebensabend sind auffallend viele Veröffentlichungen hierüber erschienen. Eine bedeutende Arbeit KUMMEROWs über die Ostracoden und Phyllopoden des Unterkarbons erschien 1939. 1953 kam eine größere Arbeit über oberkarbonische und devonische Ostracoden in Deutschland und der Volksrepublik Polen heraus.

KUMMEROW hat sich zu vielen aktuellen Grundfragen und Theorien der Geologie geäußert und oft originelle und wertvolle Anregungen in die Debatte geworfen. Er unterzog WEGENERs Theorie der Kontinentalverschiebungen einer kritischen Prüfung und nahm zu Fragen des Aktualismus Stellung. Den norddeutschen Seen schenkte er besondere Aufmerksamkeit, die Geschiebe südlicher Herkunft interessierten ihn. An seinem Lebensabend ließ er sich auch noch über Probleme der Entwicklungslehre in zwei Veröffentlichungen aus.

KUMMEROW trat stets für Frieden, Völkerverständigung, Gedankenaustausch und wissenschaftliche Zusammenarbeit der Nationen ein. Über seinen Lebensweg ist mancher dunkle Schatten hinweggegangen, den er nur durch seine Begeisterung für die Wissenschaft aufhellen konnte. Mit der Staatsgewalt des Hitlerregimes hatte er wiederholte Zusammenstöße, die tief in sein Leben eingriffen.

WILHELM NUSS

Kurznachrichten

Das bei **Rybaki** nahe Krosna Odrzanski in **Westpolen** aufgefundene bedeutende Erdölvorkommen wird zu einer erheblichen Steigerung der jetzt etwa 200000 t jährlich betragenden Erdölproduktion der VR Polen führen.

Bei **Hassi Menkel** in der mittleren **Sahara** wurde in 2100 bis 2300 m Tiefe ein neues Erdölvorkommen entdeckt, das einstweilen 4 m³/h liefert. Bei In Amenas in der östlichen Sahara wurde in 2000 m Tiefe eine weitere Bohrung fündig, die 2 m³/h liefert.

Angola wird aus den dort neuerschlossenen **Erdölfeldern** 1962 voraussichtlich 200000 t exportieren. Die neue Raffinerie in Luanda wird 55000 t verarbeiten.

Im **Altaigebirge** wurde ein **Steinkohlenvorkommen** mit etwa 500 Mill. t Vorräten entdeckt. Ein großer Teil davon kann im Tagebau gewonnen werden.

Bei **Zanga** in der früher französischen **Kongorepublik** wurde ein auf 100 Mill. t geschätztes Eisenerzlager mit etwa 65% Fe entdeckt, das sich bei 20 bis 30 m Mächtigkeit und 1 km Breite über mehr als 7 km erstreckt.

Die **Kupferproduktion** in den **USA**, die um 5% höher lag als im Vorjahr, hat 1961 den Schätzungen nach die Rekordhöhe von 1136000 short tons erreicht.

Die **Goldproduktion** in den **USA** war 1961 mit 53,1 Mill. Dollar um 9% geringer als im Vorjahr, während die Silberproduktion mit 31,2 Mill. Dollar um 12% anstieg und die Uranproduktion mit 8,1 Mill. t gegenüber 7,9 Mill. t des Vorjahrs den Wert von 155 Mill. Dollar erreichte.

Die **Magnesiumproduktion Norwegens** wird von gegenwärtig 15000 t auf 30000 t jährlich erhöht werden, wobei Erweiterungen der Eidonger Fabriken auf Heröya notwendig werden.

Die **Aluminiumproduktion** des Jahres 1961 stieg in der VR **Ungarn** auf 51000 t und war damit um 3,1% höher als 1960. Die Bauxitproduktion stieg 1961 gegenüber 1960 um 14,3% auf 1,4 Mill. t.

Im **Irak** wurden auf 300 Mill. t geschätzte **Phosphatvorkommen** und auf 200 Mill. t geschätzte **Sulfatvorkommen** entdeckt. Die gesamten Phosphatvorkommen im Irak sollen sich nunmehr auf annähernd 1 Mrd. t belaufen.

Ein neues **Marmorvorkommen** haben rumänische Geologen in der Region von Maramures im N der **Rumänischen Volksrepublik** entdeckt. Die Vorräte betragen etwa 1,5 Mill. m³.

Ein vom **Erdkundemuseum** in **Moskau** herausgegebener Atlas, der auf 40 Karten etwa 1000 Vulkane der Erde verzeichnet, darunter auch den bisher als erloschen geltenden Elbrus, aus dem kürzlich vulkanische Gase austraten, sowie die erloschenen Vulkane der Sahara, wird demnächst erscheinen.

Die **Kupferproduktion** des Werks von Lubjumbashi (**Kongo**), das etwa 100000 t Kupfer jährlich erzeugen kann (= ein Drittel der gesamten Kupferproduktion von Katanga), ist nach längerer Unterbrechung wieder angelaufen.

In den nächsten Heften der Zeitschrift für angewandte Geologie

erscheinen u. a. folgende Beiträge

H. Schützel & G. Hösel: Über eine neue Mineralquelle im südwestlichen Vogtland und Bemerkungen zum Granitmassiv von Eichigt—Bösenbrunn
A. Thomas: Die Terminologie der ingenieurgeologischen Kartierung
J. Klengel: Zur Aufgabenstellung der Ingenieurgeologie
G. Bachmann & F. Reuter: Die komplexe ingenieurgeologische Untersuchung und Fragen ihrer Wirtschaftlichkeit
M. Jaskowiak: Der geologische Bau des mesozoischen Deckgebirges in Nordwestpolen
I. Ormandy: Hydrogeologische Probleme im Steinkohlenrevier von Ostrava—Karviná
K. Hoth & W. Lorenz: Zur Diskussion über die neuen Symbole für geologische Karten
H.-J. Weder: Zur Grundwasservorratsklassifikation
O. A. Tschernikow: Die Rolle des lithologischen Faktors in der Erdölgeologie
K. v. Bülow: Geologie im Fernstudium
F. Stammberger: Beitrag zum Studium der liquidmagmatischen Sulfidlagerstätte Norilsk

Herausgeber: Staatliche Geologische Kommission und Zentrale Vorratskommission für mineralische Rohstoffe der Deutschen Demokratischen Republik. Für die kollektive Chefredaktion: Dr. K. Kauter (Redaktionssekretär), Berlin. Redaktion: Berlin N 4, Invalidenstraße 44. Verlag: Akademie-Verlag GmbH, Berlin W 8, Leipziger Straße 3—4 (Fernsprecher 220441, Telex 011 773, Postscheckkonto: Berlin 35021). Bestellnummer des Heftes 1047/8/7. Die „Zeitschrift für angewandte Geologie" erscheint monatlich. Bezugspreis 2,– DM je Heft. — Satz und Druck: Druckhaus „Maxim Gorki", Altenburg. Veröffentlicht unter der Lizenznummer ZLN 5008 des Ministeriums für Kultur. Karten: MdI der DDR, Nr. 7302, 7523, 7621.